居于原上

基于地域文化的
内蒙古人居环境设计研究

郭 沁 著

中国纺织出版社有限公司

内 容 提 要

本书全面而深入地探讨了内蒙古丰富多彩的地域文化如何深度融入并创新现代人居环境设计。在吴良镛先生人居环境科学观点的启发下，通过详尽的实地调研与系统的理论分析，不仅揭示了内蒙古地域文化的多元复合性、动态变化性及其成因，还通过经典案例展示了地域文化在人居环境设计中的独特表达。本书还提出了基于地域文化的人居环境设计新范式，强调在尊重和保护地域文化的基础上，实现文化传承与现代生活需求的完美融合，为内蒙古乃至全球的人居环境建设提供了具体可行的设计策略与方法。本书适用于相关专业师生及爱好者阅读使用，期待读者批评指正，共同推动地域文化与人居环境的可持续发展。

图书在版编目（CIP）数据

居于原上：基于地域文化的内蒙古人居环境设计研究 / 郭沁著. -- 北京：中国纺织出版社有限公司，2025.4. --（设计学一流学科建设理论研究丛书 / 李少博，韩海燕，高颂华主编）. -- ISBN 978-7-5229-2475-5

Ⅰ. TU-856

中国国家版本馆 CIP 数据核字第 2025EJ1279 号

责任编辑：华长印　王思凡　　责任校对：高　涵
责任印制：王艳丽

中国纺织出版社有限公司出版发行
地址：北京市朝阳区百子湾东里 A407 号楼　邮政编码：100124
销售电话：010—67004422　传真：010—87155801
http://www.c-textilep.com
中国纺织出版社天猫旗舰店
官方微博 http://weibo.com/2119887771
北京华联印刷有限公司印刷　各地新华书店经销
2025 年 4 月第 1 版第 1 次印刷
开本：710×1000　1/16　印张：13.25
字数：200 千字　定价：98.00 元

凡购本书，如有缺页、倒页、脱页，由本社图书营销中心调换

总序

习近平总书记于2021年在清华大学考察时强调，美术、艺术、科学、技术相辅相成、相互促进、相得益彰。设计已超越了传统的"美化"定义，进而转变为"造物"，更深层次的则是"谋事"，这反映了人类对自身环境进行塑造的能力与意识，属于物质文化创造活动的重要组成部分。在边疆民族地区，设计不仅要传承文化，更要挖掘地区特有的"设计智慧"，为社会创新发展、生态环境安全等时代课题与国家战略注入前所未有的活力。

"设计学一流学科建设理论研究丛书"是由中国纺织出版社有限公司与内蒙古师范大学设计学院联合策划的一套设计研究丛书。丛书紧扣"设计为时代、为民生"的新时代使命，从设计学角度探讨内蒙古社会发展战略所涉及的理论问题和创新实践，总结了内蒙古师范大学设计学院近年来在服务区域社会的设计教学、设计研究和设计实践工作，展现了设计学科在面对时代课题、国家战略时的理论自觉与实践能动性。

丛书涵盖了设计学的基本理论、专业实践以及服务社会的学术问题与方法论，展示了内蒙古成立最早、专业最全的设计学院在设计学领域的最新学术成果，体现了对交叉学科设计学现实与未来发展的理解和探索。这套丛书的出版，旨在为新时期内蒙古设计学研究的发展与繁荣注入新的活力，丰富其内涵。它将有助于完善边疆民族地区设计学科的理论体系，推动民族地区设计学研究的进展以及高等教育改革，并引领内蒙古设计走向世界，面向未来，发挥积极的作用。

内蒙古师范大学设计学院院长

李少博

2024年6月

前言

在当今全球化的浪潮中，文化的多元性与地域特色日益成为我们关注的焦点。而我的家乡，内蒙古自治区，这片古老而又充满活力的土地，不仅以其广袤的草原、壮丽的自然风光闻名遐迩，更以其独特的地域文化吸引着世界的目光。正是这份对内蒙古地域文化的深厚情感与深刻洞察，驱使我撰写了《居于原上——基于地域文化的内蒙古人居环境设计研究》一书。

本书旨在深入探讨内蒙古地域文化如何渗透并影响现代人居环境的设计。作为民族历史与智慧的结晶，地域文化不仅塑造了当地人民的生活方式和价值观念，更在人居环境的演变中发挥着不可估量的作用。本书试图通过系统地分析内蒙古地域文化的形成、特征及其对人居环境的影响，力求揭示出地域文化与人居环境设计之间的内在联系与规律。

在撰写过程中，我和团队师生广泛参考了国内外相关研究成果，结合自己在内蒙古的实地调研

与设计实践，对内蒙古地域文化的多元复合性、缓慢动态变化性及其成因进行了深入的剖析。同时，也尝试将吴良镛先生的人居环境科学观点与内蒙古独特的地域文化相结合，探索内蒙古人居环境设计的新思路和新方法，探讨了人居环境的概念、构成要素及其演变过程，并分析了大规模人类活动、气候与环境变化以及社会因素对人居环境的影响。

本书不仅仅停留在理论探讨的层面，更通过具体的教学设计案例，展示了如何将内蒙古地域文化元素合理地融入现代人居环境设计中。这些案例涵盖了城市设计、乡村改造、城市公共空间与绿地系统等多种类型的人居环境实践，力求为读者提供一套可操作、可借鉴的设计方法和思路。

我深知，地域文化是人居环境设计的灵魂所在。在快速城市化的今天，如何在传承与创新之间找到平衡，如何在保护地域文化的同时提升人居环境的质量，是我们每一位设计师都需要深思的问题。因此，我希望通过本书的出版，能够激发更多学者和设计师对地域文化的关注与思考，共同推动人居环境设计领域的研究与实践迈向新的

高度。

　　最后，感谢内蒙古师范大学设计学院为我提供了宝贵的学术平台与资源；感谢院长李少博教授、副院长韩海燕教授以及环境设计系主任范蒙副教授为本书的研究与出版提供重要的支持与帮助；感谢我的同事们，在学术讨论和观点碰撞中激发了我的灵感与思考；感谢研究团队在数据收集、实地调研和文稿整理等方面给予的大力协助；更要感谢内蒙古这片神奇的土地和那里勤劳智慧的人民，是他们给予了我无尽的灵感与创作动力。

郭沁

2024年7月1日

于内蒙古师范大学逸夫艺术楼

目录

PART
03

第三章

地域文化与人居环境设计的辩证关系

PART
04

第四章

内蒙古人居环境建设存在的问题

PART
05
第五章
基于地域文化的内蒙古人居环境设计创新

PART
06
第六章
基于地域文化的人居环境设计构想与教学实践

PART
07

第七章
地域文化视角下的
人居环境设计教学
案例

01

第一章 地域文化的形成

　　地域文化，作为一种绚丽多姿的文化形态，其形成深深植根于文化的本质范畴和独特特质之中。在多元文化的交流、碰撞与互鉴互赏过程中，文化影响力是一种客观存在的改变人的思想与行为的力量。文化影响力不是某种单一的"力"，而是由多种"力"构成的系统结构作为一个全面且多维度的概念 ❶，文化不仅涵盖了思想观念、艺术表达以及社会制度等多个层面，同时展现出普遍性与差异性并存的双重特性。在这一宏大的文化背景下，地域文化凭借其独特的地理环境和深厚的历史脉络，孕育出了丰富多样的特色，体现了文化的多样性和复杂性。

---

❶ 梁建新,龚君.论文化影响力系统结构的构成要素 [J].湘潭大学学报(哲学社会科学版),2022,46(2):121-126.

第一节

文化的"范畴"与"性格"

文化的"范畴"与"性格"是文化研究中两个密不可分的维度,它们相互依存、相互塑造,共同构成了文化的独特性和丰富性。"范畴"为我们提供了理解和分析文化元素与符号的框架,而"性格"则是文化内在精神和特质的集中体现。文化的性格,受到一系列复杂因素的影响,包括但不限于价值观、信仰、习俗、艺术、道德规范、语言和技术等。这些因素交织在一起,塑造了文化的独特面貌,形成了文化的精神内核和行为模式。它们不仅反映了一个地区或群体的历史和传统,也映射了其对未来的期待和追求。

地域文化的"范畴"与"性格"是文化研究中不可或缺的两个方面。"范畴"帮助我们识别和分类文化现象,理解文化的多样性和复杂性;而"性格"则揭示了文化的本质特征,展现了文化的内在逻辑和发展方向。通过对文化"范畴"的深入研究,可以更好地理解文化的多样性和差异性;而对文化"性格"的把握,则有助于认识文化的共性和普遍性。

一、文化及文化的构成

文化,作为人类社会重要的组成部分,其定义之广泛和内涵之深刻,使人类对它的理解呈现出丰富多样的面貌。从我们的日常生活习惯到人际交往,从风土民俗到社会制度,再到科技与艺术的创新,文化渗透于人类活动的每一个角落。正因其广泛性和复杂性,文化的概念在不同学科、不同文化背景下呈现出多样的解读方式,据有关统计,从1871年到1951年的80年间,有关文化的定义就出现了164个,到20世纪70年代之前,各国文献中对文化的定义已经达到250多种❶。这些数据表明文化是一个人人都能理解但越讲越难以清晰界定

---

❶ 丁恒杰. 文化与人 [M]. 北京:时事出版社,1994.

的现象。

文化的概念源于近代欧洲人类学的探讨，并随着文艺复兴、海外探险和殖民活动的发展而逐渐成为一个多维的学术研究对象。它不仅包括了定义、历史背景和层次结构的研究，更在艺术、语言、社交行为等多个领域中展现出其塑造和引导社会的力量。文化的发展是一个逐步整合的过程，它见证了一个民族从游牧到农耕的转变，从单一的社群生活方式到复杂多元的社会价值体系的形成。❶客观来说，文化就是社会价值系统的总和。

在文化形态的划分上，通常采用的三分法将文化分为器物文化、行为文化和观念文化三个层面（图1-1）。马凌诺斯基（Bronislaw Malinowski）的"文化三因子"说进一步将文化细化为物质、社会组织和精神生活三个维度，为理解文化的多维度提供了理论基础。❷

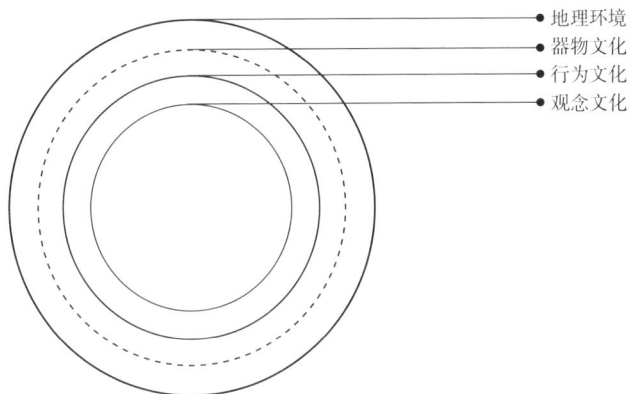

图1-1 文化系统结构图（图片来源：作者自绘）

（一）器物文化

文化的物质层面，即器物文化，具体体现为各种有形的物质物件、工艺品和建筑等。例如，紫砂壶是中国传统工艺品之一，是中国茶文化的重要组成部分。这些壶具有独特的外观和品质，反映了中国茶道精神和审美观念。壶身的造型、纹样和器物的用途，都反映了中国文化中茶艺的深厚历史和传统。物质层面的文化不仅是日常生活中实用工具的体现，更是文化认同、社会认同的象

---

❶ 成中英. 中国文化的本质与走向 [J]. 北大中国文化研究,2015(0):317-326.
❷ 马凌诺斯基. 文化论 [M]. 费孝通,译. 北京：华夏出版社,2002.

征，通过这些有形的表达，人们能够深入感受和理解特定文化的深厚内涵。这些物质文化遗产扮演的是连接过去、现在和未来的纽带，构筑起文化的脉络，为人类共同的文明遗产留下了独特的痕迹。

（二）行为文化

文化中的行为文化是指一群人在特定社会背景下共同展现的行为方式和规范。这一层次的文化涵盖了人们在特定环境中的社交习惯、礼仪、沟通方式等方面的行为准则。内蒙古人民以骑马文化而闻名，马作为重要的伙伴，骑马这一活动在日常生活中占有重要地位。赛马是一种传统体育活动，也是重要的文化表现形式。行为文化在不同文化中的多样性，展现了人们在特定社会背景下如何通过行为来传递信息、建立关系以及表达社会价值观。因此，行为文化是文化多元性的一个关键方面，深刻影响着人们的社交互动和文化认同。

（三）观念文化

观念文化塑造集体认知和价值观念，深植于人们心灵，是共同历史、传统和经验中的心智模式。它不仅包括信仰和价值，还影响个体的社会定位、互动和对未来的期待。观念文化是文化认同的核心，深刻影响个体行为和与他人的互动。

文化非遗传本能，而是后天习得的知识和经验总和。它由物质、精神、语言、符号、规范和社会组织等要素构成，相互依存、联系，促进社会整合和导向。文化作为动态系统，吸收新元素、适应新变化，影响塑造人类生活方式和思维模式。其既是社会产物，也是推动社会发展的重要力量。

二、文化的普遍性与差异性

文化，作为人类社会的一根无形精神纽带，既承载了普遍性也展现了多样性。它如同一幅绚丽多彩的织锦，由全球各地的民族和社群以不同的色彩和图案共同织就，反映出人类共通性与个体差异性的和谐统一。文化从不同层面上展现着人类的基本习俗、制度、发展规律，以及思想观念、社会结构、生活习惯和艺术表达的多样性。通过理解文化的普遍性和差异性，能够更加深刻地认识到文化在塑造人类社会和促进跨文化交流中的重要作用。

（一）文化的普遍性

文化普遍性指不同地域、民族和社会群体共有的文化特征和模式，体现在人性的共通原则和基本发展阶段。先秦时代以其丰富的思想和文化创造力成为中国历史的标志性时期，诸子百家提出了深远影响的价值理念和文化精神，对人类文化发展贡献重要智慧。❶研究文化普遍性需关注内容共性，定义为：文化普遍性体现于关乎人类生存的基本习俗和制度，遵循普遍规律，经历共同发展形态。人类历史中处处存在文化普遍性的证据，史学角度可进行简单分析。

1. 文化的发展

人类各部分的文化都是按照由低级到高级的规律发展并且普遍依次地经历着一些基本形态。按照路易斯·摩尔根（Lewis Morgan）的研究，人类的文化共同经历了如下若干基本形态（摩尔根，1997）。摩尔根对人类社会的发展进行了细致的划分，将其从文化形态上依次划分为七个阶段：原始的蒙昧社会，进一步发展为中级和高级蒙昧社会，随后过渡到野蛮社会的初级、中级和高级阶段，最终进入文明社会。这一划分并非主观臆断，而是基于对生产工具材质、农作物种植方法和动物驯养方式等客观标准，因而具有科学性和可靠性。在摩尔根的研究中，他进一步指出，尽管东半球和西半球的相应文化阶段存在差异，这些差异主要源于两地自然资源的差异性，但在基本的社会状态和结构上，它们呈现出惊人的相似性。这表明，尽管地理环境和具体条件可能不同，人类社会的发展轨迹却遵循着普遍的规律。❷东半球和西半球处于相应级别的社会形态的相似性，有力地说明了文化的普遍性。

---

❶ 朱汉民. 特殊性与普遍性的融合——湖湘文化精神特质的历史建构 [J]. 湖南大学学报(社会科学版),
2014,28(6):47-53.
❷ 路易斯·摩尔根. 古代社会 [M]. 刘峰,译. 北京:京华出版社,2000.

2.工具的演进

生产工具的演变在人类历史上呈现出一种跨越不同文化的普遍模式。从最初的石器时代，人类利用自然形态的石块作为工具，逐步发展到铜器时代，人类学会了利用火来冶炼铜器，进一步提高了生产效率。随着技术的不断进步，铁器的出现标志着铁器时代的到来，再次推动了生产力的飞跃。这一演变过程不仅反映了技术发展的自然进程，更体现了人类文明在不同地域间的共通性。在工具制造的过程中，不同民族所采用的材料和技术虽然有所差异，但整体上却呈现出一种一致性。这种一致性不仅体现在材料的选择上，更体现在人类社会的思维方式和行为模式上。这种普遍性揭示了人类社会在适应环境、解决问题方面的共同智慧，展现了人类文明发展的连续性和一致性。

历史视角显示，不同文化发展遵循相似规律，源于人性的一致性。在相同条件下，人们反应相似，因共享生理和心理特征。共通性不仅体现在生产工具演变，还涉及语言、宗教、艺术等领域。生产工具演变与文明共通性紧密相关，体现技术发展及人类思维和行为模式。研究共通性能更好理解文明本质和发展规律，为文明进步提供启示。

纵观人类历史的广袤画卷，文化普遍性展现了超越时空限制的人类社会共同性。其体现不仅限于不同文化间共有的特征与模式，更深刻揭示了人类基于共通的人性原则所遵循的相似发展规律及所经历的基本发展阶段。文化的普遍性与差异性，二者相辅相成，共同构筑了人类社会的多彩画卷及精神世界。

（二）文化的差异性

文化的发展受到地理、历史、宗教等多方面因素的深远影响，因此，在不同地区和社会中，不同文化可能呈现出鲜明的差异。这种差异不仅体现在思想观念和社会结构上，更深入地反映在人们的生活习惯、艺术表达方式以及语言沟通等多个方面。比如，不同文化背景孕育了不同的语言体系、语法和词汇，同一词语在不同文化中可能因历史、传统、价值观等因素而有不同含义，甚至在某些文化中无对应词汇。这种语言上的多样性不仅体现了文化的差异，也作为文化认知的重要载体，影响着我们对世界的理解和沟通。

在艺术表达上，文化差异同样显著。以绘画为例，传统中国绘画强调意境与意象，通过笔墨、线条和色彩传递情感，它注重整体感、空间感，以及背后的哲学思考和情感表达。而西方油画则更侧重逼真和光影处理，追求色彩的层次、光影效果，以细致表现力塑造物象和场景。这些差异不仅丰富了世界艺术，也体现了不同文化的审美理念和表达方式。

文化差异性既是人类社会多元性的体现，也是文化相互理解和交流中的挑战。它要求我们具备跨文化交流的能力，理解并尊重不同文化背景下的思维方式和行为模式。通过深入了解和学习不同文化，我们可以更好地适应多元文化社会，建立跨文化的互相尊重和合作，共同构建一个更加丰富多元、和谐共存的全球社会。

在这个全球化日益加深的时代，我们面临着前所未有的文化交流与融合的机会和挑战。让我们以开放的心态、包容的态度，去欣赏和理解不同文化的魅力，共同推动世界文化的繁荣与发展。

（三）文化的普遍性与差异性相互影响

文化既具有普遍性，即所有人类社会都具有某些共同的文化特征，同时也具有差异性，即不同社会和群体之间的文化表现出明显的差异。钱逊先生认为文化的普遍性和差异性可以从两个方面来考察，一方面是从同一民族的不同发展阶段，即文化发展历史的纵的联系来看；另一方面便是从不同民族之间文化交流、吸取和融合的横的联系来看。❶

文化普遍性与差异性在民族发展不同阶段中显现为变迁与延续的统一体。历经时间的洗礼，文化不断演变，同时保持了一些普遍元素，这些元素在文化的纵向发展中确保了连续性。普遍性特征如价值观念、社会习俗、符号、习惯或传统，可能在不同历史时期以不同形式持续存在或延续，代表着文化核心价值和信念。

宗教信仰作为文化的一部分，普遍存在于各种文化之中，尽管其形式和内容因文化而异。不同宗教均提供了对生命、宇宙和伦理问题的回应，共享对道德、敬畏和超自然力量的信仰。这些宗教信仰伴随特定的仪式和祭祀活动，加强了信徒之间的社会联系，促进了对神灵或超自然力量的敬畏和崇拜。

---

❶ 钱逊. 文化的普遍性和特殊性——文化研究中一个基本的方法论问题 [J]. 文史哲,1989(3)：33-38.

　　教育作为文化传递的另一重要途径，是全球各地普遍重视的共同特征。不同文化背景下的教育体系和方法各有侧重，但都传达了关于道德、社会责任和文化认同的价值观。教育的目的在于传授理论和实用技能，帮助学生为个人和社会作出贡献。所有的文化都依赖语言或其他交流形式来传递信息、观念和知识。

　　文化交流、吸取和融合是考察文化普遍性与差异性的另一重要视角。语言作为文化传承的核心，不同文化中的语言各不相同，但都承载着通往文化的道路。文化定义了某些风格，如对话风格，其流动性使对话具有普遍性。尽管语言可能因时间、地域等因素而成为沟通的障碍，但不同文化团体之间的语言交流是必要的。❶

　　文化的差异性与普遍性不是绝对的，它们相互联结，共存于一体。文化的普遍性和差异性相互作用，纵向上强调了文化内部的延续与变迁，横向上突出了不同文化之间的互动与影响，共同塑造了多元而丰富的文化景观。这种相互作用和交织，不仅构成了文化连续性的框架，也推动了文化多样性的发展，体现了人类社会在适应环境和解决问题方面的相似思维和行为模式。

第二节

地域文化

　　地域文化作为专业术语，在"地域文化研究"中指某地域内人们适应自然与社会而创造的文化。文化先在某一地域内产生，再逐渐传播。地域概念显著影响人们的生活与建筑。它指特定区域范围，体现自然与人文的相互作用。自然环境对人类社会有深刻影响。地域呈现多维且丰富，与人类社会发展紧密相关。地域文化特色在建筑中显著，如地中海白色建筑反射阳光，北极圆顶冰屋

❶ 魏明德. 对话、文化与普遍性 [J]. 文化艺术研究,2011,4(1):28-33.

适应寒冷。地域概念涵盖自然、人文、历史与现实，丰富人类生活，促进文化交流。研究地域文化多样性和独特性，可深刻理解人类文明发展及文化在塑造社会与个体中的作用。

一、地域文化的概念

地域文化是一个深刻揭示地理与文化相互作用的概念，它阐明了地理环境如何塑造并推动文化的发展与演变。这一概念对于理解不同地区文化的独特性及其多样性至关重要。地域文化，亦称区域文化，是文化地理学的一个分支，专注于研究人类文化在空间上的组合与分布。20世纪90年代以来，学术界对此有了较为统一的认识，认为地域文化是在自然地理环境和人文社会因素的长期综合作用下，历史沉淀的结果。它由自然环境、人文环境等多种因素共同塑造，形成了具有区域特色的文化意识形态。[1]

文化相对论秉持着一种客观中立的态度，主张每一种文化都独具特色且有其内在价值，不存在绝对的优劣之分。它强调了对地域文化进行深入理解和解释的重要性，要求研究者从地区内部的视角出发，避免进行不必要的比较或评判。同时，文化相对论也倡导文化的交流、互动与变化，认为地域文化在与其他文化的互动中可能受到影响并发生相应的变化。

文化地理理论则侧重于探讨地理环境对地域文化的深远影响，包括地理条件、自然资源的分布以及交通网络等因素。该理论认为，自然环境的特殊性塑造了地域文化的独特性，例如因纽特人文化就是适应极寒气候的典范。此外，地理条件也对建筑风格和城市规划产生了显著影响，如阿姆斯特丹的水城特色就是地理条件作用下的产物。

人类不仅感知环境，还通过实践活动改造环境，同时环境也反过来影响人的行为。格里德斯理论强调，文化作为一种符号系统，通过解读符号可以深入理解地域文化的内涵。传统艺术作为社会意识形态的一种表现形式，通过各种手段塑造形象，从而反映出社会的多彩生活。[2]

地域文化既是历史的见证，也是现代发展的催化剂，承载着世世代代的智

❶ 李丙发. 城市公园中地域文化的表达 [D]. 北京:北京林业大学,2010.
❷ 刘杰. 地域文化在城市滨水景观中的表达研究 [D]. 重庆:西南大学,2014.

慧与经验。在全球化的背景下，地域文化的保护和传承显得尤为重要。它连接着过去与未来，为文化创新提供了宝贵的资源和灵感。

二、地域对文化的影响

地域特征的差异性是文化多样性的重要基石。文化的发展是一个复杂且层次丰富的过程，它受到自然环境、历史沉淀以及社会结构等多种因素的共同塑造。正如马克思在《资本论》中所指出的，不同共同体在各自的自然环境中发展出了各自独特的生产和生活方式。❶

以内蒙古的草原文化为例，广阔的草原塑造了游牧文化的独特性（图1-2）。草原的地理环境孕育了蒙古族等民族以牧业为主的生活方式，并形成了特有的社会结构和价值观。游牧民族的"无常居之地，随水草而移"的生活方式，不仅是对自然条件的一种适应，也是对环境变化的一种智慧回应。他们根据季节变化和草场状况，有序迁徙，充分利用不同地理位置的资源，这体现了地域性在塑造文化和生活方式方面的深远影响。

地域性的概念不仅体现在生产方式上，也深刻影响着社会风俗和文化传

图1-2　内蒙古典型草原景观（图片来源：作者自摄）

---

❶ 卡尔·马克思. 资本论 [M]. 3 版. 何小禾, 编译. 重庆:重庆出版社,2014.

统。譬如印度不同地区的婚礼仪式反映了各自独特的文化特色：在北方的旁遮普邦，婚礼中常常有丰富的音乐和舞蹈，以及色彩斑斓的服饰，体现了该地区热情和喜庆的文化氛围。而在南方的喀拉拉邦，婚礼则更加注重宗教仪式和传统习俗，反映了该地区深厚的宗教和文化传统。再如，不同地域的建筑风格也反映了地域文化的独特性。在埃及，由于沙漠气候的影响，传统建筑多采用泥砖和石材，以适应高温和干燥的环境。而在威尼斯，由于地处水城，建筑多采用轻盈的材料，并以水道为交通要道，形成了独特的水上建筑风貌。

地域差异塑造文化多样性，体现人类适应自然环境的智慧。而文化发展也反映自然环境与历史、社会结构的影响。并且这种影响是多方面的，无论是生产方式、社会风俗、建筑风格还是饮食习惯，都体现了地域性的直接影响。

第三节

地域文化的特征

地域文化是一种集多元复合、缓慢渐进性和超自然性于一体的现象。在多元复合性方面，地域文化融合了诸如地理环境、族群、历史传统等多种元素，形成了各自的文化标识，体现出层次复合、要素多元的特性。在缓慢渐进性方面，地域文化不是一成不变的，而是随着时间的推进、社会的发展以及人类活动的变迁，呈现出缓慢但稳定的变化势头，赋予了文化持久而生动的魅力。在超自然性方面，人们在实践中创造文化，并为自然赋予了新的内涵。被人类精神烙印影响的自然，远超其纯粹的自然状态，进化成一种带有人类情感与思维的超自然存在。这三个特征并存，使地域文化既充满活力，又富含深意，成为人类文明发展的重要载体。

一、多元复合特征

地域文化的多元复合特征旨在通过两个方面来表达：元素的多元性和层次的复合性。元素的多元性是指地域文化中的诸多因素，包括语言、音乐、艺术风格、信仰、风俗以及生活方式等，这些元素以各自的方式为地域文化提供了多样性，使其具有更广阔的传播空间和受众群体。层次的复合性则表示地域文化不仅仅存在于物质形态上，更体现在深度层次的情感、认知和价值观等方面，彰显出其富有内涵的精神特性。

（一）多元性特征

每一个文化元素都是历史长河中逐渐形成的，它们是地域历史、地理特征、环境条件和社会结构相互作用的结果。例如，威尼斯的运河文化，是适应其独特地理环境的产物；而亚马逊雨林中的土著部落，则发展出了与热带雨林环境相适应的生活方式和传统知识。地域文化的多元性不仅是文化内在价值和特色的体现，更是文化传承与创新的源泉。它促进了不同文化之间的交流与融合，激发了文化创新的活力，推动了人类文明的持续进步。在全球化的大潮中，文化的多元性提醒我们，尊重和保护每一种文化的独特性，对于维护全球文化的多样性和实现可持续发展至关重要。

1.地理环境

从地理环境看，文化多元是大自然赋予人类文明的直接体现。不同地理环境孕育了独特文化和生活方式。中国历史中，地域条件对民族文化和国家统一影响深远，由地理条件的独立性和统一性决定。❶沙漠地带，如撒哈拉，人们适应干旱，建造防高温住所，发展水资源管理。沙漠文化表达了对生存挑战的深刻理解。热带雨林中，如亚马逊，土著部落与雨林共生，文化体现对生态系统的尊重，包括医药、狩猎和保护生物多样性。雨林文化神话和仪式与自然紧密相连。沿海地区，如地中海，发展航海和渔业，形成海洋文化。建筑风格、饮食和艺术均受海洋文化影响。地理环境全方位影响文化，塑造生活方式、价

---

❶ 刘宇.论中华文化中地域文化多样性的基本特征 [J]. 江汉论坛,2009(9) :119-124.

值观、艺术和社会结构。

2.历史发展

文化多元性是文明交流、碰撞、融合的结果。古代文明如古埃及、古希腊、古中国形成了独特文化体系。随着交流增加，文化元素渗透，促进了文化融合。中世纪，欧洲文化经历宗教改革和文艺复兴，体现文化多元性。近现代，全球化推进文化多元性发展。历史事件影响文化发展，多元性体现文明多样性和包容性。尊重和保护文化独特性，促进交流与合作，推动人类文明繁荣发展。

3.社会结构

从社会结构看，文化多元性是分层、差异和互动的反映。社会结构孕育了不同文化形态。阶级差异在文化表现上显著，上层偏爱高雅文化，工人阶级偏爱大众文化。族群多样性丰富了文化层次，形成独特的民族文化。性别平等文化更加多样化和包容。社会结构多样丰富文化表达，促进文化交流融合，是人类共同遗产。全球化与信息技术的发展模糊了文化边界，为我们提供了重新审视多元性价值的机会。文化多元性是创新源泉，尊重保护每种文化独特性对维护全球多样性和可持续发展至关重要。

（二）复合性特征

复合性特征描述事物包含多元元素，展现复杂性和深邃性，对事物变化、发展、实施有重要影响。地域文化是复合性特征的体现，层次复合指物质与非物质、历史与现代、本土与外来文化在同一体系中互动交织，形成丰富文化层次。物质文化包括建筑、工艺等，非物质文化包括祭祀、民俗等，两者相互影响。地域文化需保护和传承本土文化，同时接纳外来文化，实现文化交流与融合。要理解地域文化复合性，需深入各层次发掘和理解，实现传承与创新。

二、缓慢渐进性特征

地域文化的缓慢渐进性，指在特定地理空间内，文化现象的渐进演变表现出的特性，这种变化涉及表现形式、思维理念、生活习惯等变迁。传统文化分三层：外部触摸层（物质文化）、中间行为层（行为文化）、内部感知层（意识观念）。在当今时代，地域文化既独特又吸纳新元素，形成新形态，以适应社会进步和环境变迁。这一特性赋予地域文化稳定与活力的双重属性，为文化演进增加深远维度。

（一）外部环境影响

1. 生存环境的改变

人类生存环境是一个复杂而多元的系统，它受到自然因素和社会因素的影响，同时也受到人类活动的影响。随着社会经济的发展和人口的增长，人类生存环境面临着许多挑战和问题。例如，三峡地区三峡大坝的建设导致周围地区的土地利用方式发生变化，从而影响到当地居民的生活方式和文化传统。并且建设需要进行大量的移民和搬迁，这可能会导致社会关系的调整和文化传统的变化。

2. 政治制度的发展

地域文化与政治制度之间的关系既涉及经济、社会和历史等宏观层面，又涉及文化认同、社会交往和个体选择等微观层面。不同类型的政治制度在经济、社会和历史文化发展中所体现出来的特点和优势各不相同。集权制度则以其高效性和决策性受到一些国家的青睐，能够在短时间内实现重大政策调整。分权制度则强调地方自治和社区参与，有助于提高政策实施的效率和回应性。因此，地域文化与政治制度存在着无法脱离的关系。而在现代民主国家中，人民成为国家的主人，享有广泛的权利和自由，这使人们的思想观念、价值取向和生活方式发生了很大的改变。随着现代民主制度的建立和发展，中国各地的地域文化得到了更多的关注和保护。

3.社会结构的重塑

随着城市发展的日新月异，大量农村人口涌入城市，这种现象向城市带去了原生的农村文化元素，丰富了城市文化的多样性。这种文化的交融为城市文化注入了新的活力，推动了城市文化的多元化发展。同时，这种文化的交流与融合，也使农村文化得到了更广泛的传播和推广，进一步扩大了农村文化的影响力。然而，农村人口涌入城市，也给地域文化带来了一些挑战。一方面，随着大量农村人口的涌入，城市的原有文化可能会受到冲击，城市的特色和个性可能会逐渐消失，取而代之的是一种泛化的文化现象。另一方面，农村的文化传统和习俗在传承过程中可能会受到城市文化的同化和侵蚀，导致农村文化的流失和消亡。

4.技术的进步

农业技术的进步对农村地区传统习俗、生活方式和价值观的变化产生了深远的影响。传统农耕方式依赖大量劳动力，而机械化和生物技术等现代农业技术提高了生产效率，使农民有更多时间关注生活和文化。现代农业技术还使农作物种植和动物饲养更高效，农民收入显著提高，生活条件得到改善，生活质量提升。农产品种类也更丰富，满足了农民的生活需求。传统农村文化强调自给自足和简朴，而现代农业技术带来的高效生产和高品质生活，使部分农民追求更现代的生活方式和价值观。这种转变改变了农村的文化氛围和社会结构。

（二）内部因素制约

除了外部环境的影响，地域文化的变化还受到内部因素的制约。传承的变异可以促进文化的创新和发展。在文化的传承过程中，新的元素和思想不断融入，这些新的元素和思想可能来自其他地域的文化，也可能是地域内新的社会、经济、技术等因素的反映。通过传承的变异，地域文化得以不断创新和发展，从而更好地适应时代的变化和满足人们的需求。

南京"老门东"（图1-3）是历史传承与现代需求的完美融合。靠近城墙的老门东地区保持着明清和民国时期的街区结构和建筑风格，充满了南京城市的历史记忆。在尊重和保护历史的同时，其引入了现代元素，带来新的生活气

图1-3　南京"老门东"（图片来源：张玥提供）

息。在保留古老街道和历史建筑的过程中，同时也开设了传统商铺和手工艺铺，创造了独特的文化艺术空间。老门东完全展现了如何在兼顾历史传统与现代生活需求之间找到平衡，创造出既活力四溢又充满现代感的人居环境。

地域文化的缓慢渐进性特征还表现在其具有稳定性和延续性。这种稳定性和延续性主要源于地域文化的传承和发展是一个长期的过程，其历史渊源和文化积淀使其在变化中保持一定的稳定性，没有随波逐流失去内核。地域文化作为社会文化的重要组成部分，对于当地人民的社会生活、价值观念、行为规范等都具有深刻的影响。这种影响和作用不会因为外部环境和内部因素的变化而立即改变，而是在长期的历史发展过程中逐渐更迭。

三、超自然性特征

地域文化的超自然性特征是人类对自然和生活经验的超越性理解和改造。艺术、宗教、神话、仪式等体现了人类对超自然本质的理解。文化的自然性基于人类生存和发展的本能和需求，如农业的起源满足了食物需求，并为社会结构和文明奠定了基础。文化的超自然性体现在对自然界的超越和精神层面的探索，如艺术通过情感和思想的表达超越了自然界的形态。文化既有自然性基础，也有超自然性的精神追求，贯穿人类文明始终。

四、地域文化的成因

　　地域文化的形成是一个漫长的历史过程，它通常受到外部因素、内部因素，甚至时间因素等多方面共同作用的影响。这些因素的交织使不同地域的文化拥有了独有的特征和身份，成为社区认同的关键组成部分。

（一）自然环境——外部因素

　　地理环境对人类文化发展与交流有重要影响。它决定地区文化传播速度与广度，影响文化开放程度及当地经济政治文化发展。中国内部，南北差异最为明显，表现在人文、经济、政治、文化等方面。地理环境也影响我国文化多样性，丰富的地理类型与地形地貌使我国文化繁荣多彩。不同地域的居民生活习惯和节日习俗各异，创造各具特色的民间文化。

　　地理环境是文化生长的"土壤"和发展的平台，不同区域的地理环境因其自然条件和人文环境的不同，因而产生了具有特定内涵的文化模式和文化形态。正如丹纳在《艺术哲学》中认为的一样，地理环境成为"环境、种族、时代"中决定物质文化和精神文化的一个重要因素。❶

　　地理环境，主要是指"生物，特别是人类赖以生存和发展的地球表层"，分为自然环境、经济环境和社会文化环境三个方面。从整体地理环境来说，按其地理环境的差异，人类可以粗略区分为大陆民族和海洋民族。典型的海洋民族国家，人们生活的空间相对狭小，利用海洋漕运之便，往往商业比较发达，人员交往和流动方便。又因为内地活动空间有限，回旋余地不大，造成向外拓展的动机。

　　而中国整体地理环境的格局恰与海洋民族所处的地理环境相反。中国有极为广袤的疆土，其内部平原广阔，特别是黄河、长江两流域平原毗连，没有明显的天然屏障可以细划，因此在政治、经济、文化以及军事上都较海洋诸岛易于统一，所以历史上强悍的游牧民族南侵，中国纵使丧失了首当其冲的黄河流域，仍有广大的退路可供周旋。其他古文明地区沦亡于外族的入侵，即一蹶不振，独中国能对边族产生潜移默化的影响，始终保持着自己文化的独特风格和

---

❶ 张俊奎. 江苏油画意象性风格的地域文化成因研究 [J]. 艺术研究,2006(1) :84-86.

完整系统，并使之绵延不绝。

（二）习性传统——内在因素

历史文化为地域文化提供了传承的基础。地域上的历史事件、传统习俗、艺术表达等都是地域文化的重要组成部分。这些传承可以是口头传统、庆典活动、历史建筑等。历史文化不仅帮助地域文化保持连贯性，还为其演变提供了原始材料和灵感。历史文化作为地域文化传承的支柱，承载着地域上独特的历史事件、传统习俗和艺术表达，为地域文化的延续和发展提供了根基和源泉。

历史文化对地域文化的艺术和文学创作有着深远的影响，为创作者提供了丰富的灵感和素材。《蒙古源流》❶（图1-4）、《蒙古秘史》❷、《蒙古黄金史》❸三大历史著作为内蒙古地区提供了丰富的历史记忆和文化认同的基础，还促进了内蒙古地区文化的多样性和包容性。同时，这些史书也是内蒙古地区地域文化的重要组成部分，为后人了解和研究内蒙古地区的历史和文化提供了宝贵的资料。

地域文化的形成是一个潜移默化的过程，其内因并非仅局限于表面现象，而是源自多方面因素的融合，从而塑造了独特的形态和特质。地理环境影响生活方式、经济和社会组织，形成独特文化特征。根据《蒙古风俗鉴》❹的记载，古代蒙古人曾采用一种名为桑达利的树叶制成纳莫，用以围绕腰部，即护腰儿。后为了满足游牧生产中的日常需求，改用狩猎获得的兽皮制作衣物，或者以羊毛毡制成衣物，体现了浓厚的草原风情。唐朝之后，各种绸缎

图1-4 《蒙古源流》，清康熙元年（1662年）武英殿本（图片来源：故宫博物院藏）

❶ 乌兰.《蒙古源流》研究 [M]. 沈阳:辽宁民族出版社,2000.
❷ 余大钧. 蒙古秘史 [M]. 石家庄:河北人民出版社,2001.
❸ 罗桑丹津. 蒙古黄金史 [M]. 色道尔吉,译. 呼和浩特:蒙古学出版社,1993.
❹ 罗布桑却丹. 蒙古风俗鉴 [M]. 赵景阳,译. 沈阳:辽宁民族出版社,1988.

传入，服饰的材料和样式开始发生变化。成吉思汗统一了大漠南北各部落，也促成了欧亚贸易的互动，引入了更多新颖的服饰原材料，才最终成为今天人们所看到的样式。因此，历史演变是内在驱动力，影响文化形成与发展。社会习惯、宗教信仰、语言方言等起关键作用，形成共同行为规范。

这些内因的融合是地域文化形成的原始动力，也是保持独特性和传承的关键。地域文化的丰富性和多样性是内因交织的结果，每个地域有其独特文化符号。深入理解这些内因对把握地域文化本质至关重要，有助于全面认识和尊重各地域文化的独特之处。

（三）时尚——时代张力显现

在全球化的浪潮中，地域文化正经历着前所未有的时代张力。这种张力源于地域文化在历史传承与现代发展、本土特色与全球化趋势、传统保护与创新变革之间的动态平衡和相互作用。地域文化的时代张力塑造了当代社会文化的独特风貌。

文化传承是地域文化生存和发展的根基。在历史的长河中，每个地域都孕育了独具特色的生活方式、艺术形式和思想观念。然而，随着时代的发展，传统文化面临着适应现代社会需求的挑战。创新成为连接过去与未来的桥梁。通过将传统元素与现代设计理念相结合，地域文化不断焕发新的活力，展现出独特的时代感。例如，传统手工艺与现代时尚的融合，不仅保留了手工艺的精湛技艺，也满足了现代消费者的审美需求。

全球化为地域文化带来了更广阔的舞台。在这个舞台上，地域文化既要保持其独特性，又要与世界文化进行交流和融合。这种双向互动促使地域文化形成具有全球视野的本土特质。通过跨文化交流，地域文化能够吸收外来文化的精华，同时也向世界展示其独特的魅力。这种文化对话不仅丰富了人类文化的多样性，也促进了不同文化之间的相互理解和尊重。

经济的快速发展为地域文化的繁荣提供了物质基础，但同时也带来了文化同质化的风险。地域文化的时代张力在于如何在经济发展中保持文化的多样性。通过支持本土艺术、保护传统习俗和鼓励文化创新，地域文化能够在繁荣中保持其独特性和丰富性。这种文化生态的多样性是社会可持续发展的重要保障。

地域文化的时代张力是一种文化活力的体现，在继承传统的同时，勇于创新；在面向全球的同时，坚守本土；在追求发展的同时，保持多样性。通过这种张力，地域文化不仅能够在现代社会中生存和发展，还能够为人类文明的进步贡献独特的智慧和力量。

第四节

地域文化的功能

地域文化承载着一个地域的记忆，传播着从这片土地上生长的文化，同时凝聚着这片土地上的人们。不同地区的地域文化具有不同的特色，表现在建筑与交通、饮食与服饰、语言与心理、风土习俗、民族节日、宗教活动等方面。地域文化一旦形成，又会影响当地人们的各种生产和生活。❶这三大功能让地域文化成为连接人与人、人与土地，以及过去与未来的桥梁，确保了文化的延续和发展。

一、记忆

（一）历史事件的纪念

地域文化的记忆功能是一种对历史、传统和习俗深度解析及有效传承的过程。地域文化中蕴含着大量历史事件，这些事件往往成为当地人民共同的历史记忆和身份认同。不同地区的历史事件各具特色，如古战场、革命遗址、名人故居等，这些历史遗迹不仅是地域文化的载体，也是对历史事件的纪念。通过

---

❶ 陈婷. 论地域文化的教育价值 [J]. 西北师大学报(社会科学版),2013,50(6):81-85.

纪念这些历史事件，人们能够更好地了解和传承当地的历史文化传统，激发民族自尊心和自豪感。陶渊明故居位于江西新余，这里不仅是东晋诗人陶渊明的出生和居住之地，也是他笔下田园风光的具象展现。这里的青翠稻田，白墙黛瓦的民居，以及湍急的溪流，是农耕文化和诗歌精神的历史印记，为人们提供了窥探古人生活和艺术的视角。因此，陶渊明故居并非只是一个地点或者建筑，更是历史和文化记忆的载体，使人们有机会深入理解并传承这份田园诗人的文化遗产。

（二）文化传统的传承

地域文化中蕴含着丰富的文化传统，这些传统包括家庭伦理、道德规范、风俗习惯、民间信仰等方面。文化传统的传承不仅是对历史文化的尊重和保护，也是对当地人民精神生活的丰富和满足。白族的传统建筑"三坊一照壁"是白族文化和历史的主要载体，体现了其独特的居住文化和哲学观念。这不仅是白族人的生活空间，也是历史、文化和社会变迁的记忆。"三坊一照壁"不仅是居住空间，而且赋予人们独特的生活方式和社会活动，也携带着白族的历史和文化记忆。这种精心设计的建筑布局代表了白族的世界观和家族观，是白族文化传承和记忆的重要载体，确保白族文化得以持久保存和传递。

（三）艺术审美的体现

地域文化通过各种艺术形式得以体现，如绘画、音乐、舞蹈、戏剧等。这些艺术形式是当地人民表达情感和思想的重要方式，也是地域文化记忆的重要内容。作为中国古典园林艺术的代表，苏州园林充分融合了艺术与自然。设计师巧妙地运用山水、建筑、植物等元素，营造出理想化的自然环境，体现了中国古代文人的审美观念和人文精神。这个艺术空间不仅展现了古代文人高超的艺术水平，也丰富了人们对古代审美理念和生活方式的理解和记忆。因此，苏州园林是地域文化记忆功能在艺术审美和人居环境方面的生动表现，是历史的见证和文化的传承。

二、传播

地域文化的传播是文化认同的过程，"文化认同"（cultural identity）是指人们将使用共同的文化符号、遵循一致的思维和习惯、秉承共同的文化价值、追求统一的文化理想等作为认同的依据。❶其过程是潜移默化的，这种影响往往是无法避免的，它与人们的生活息息相关。主要可以从行为模式、知识体系、经济发展等方面，探讨地域文化的传播功能。

（一）行为模式

不同地区的人们在行为上存在着显著的差异。靠山吃山，靠水吃水，地域特色深入人心，形成独特人文。明清时期，商品经济蓬勃发展，各地商帮涌现，尤以徽商、晋商为代表，影响深远。晋商与徽商在商业运作上存在显著差异，这主要源于晋商深受地域观念的影响。他们倾向于采用一种以资本为纽带，以地域和乡土关系为基础的契约型管理模式。在选拔人才时，晋商遵循"避亲就乡"的原则，倾向于选拔同乡人士担任商号的管理者和经营者。在管理策略上，晋商更重视激励而非约束，创新性地引入了顶身股和辛金制等显性激励措施，同时结合号规和非正式制度，形成一套有效的激励与约束机制，以规范商帮成员的行为。❷

（二）知识体系

地域文化对人们知识体系的塑造起到了至关重要的影响，不同地域的人们在知识结构、认知方式、思维方式等方面也存在差异。如作家写作时间愈久，受地域文化的影响越大。在生活中，杰出的作家往往在作品中展现出鲜明的地域文化特色，这与他们独特的个性风格密切相关。个性风格的形成，不仅受到个人气质的影响，更与地域文化有着密不可分的联系。例如：鲁迅，这位文学巨匠，其犀利的笔触深受浙江绍兴地域文化的影响。绍兴人"有仇必报"的

❶ 黄汀，李卓群. 文化认同视域下优秀传统文化传承发展的价值、生成与进路 [J]. 湘潭大学学报（哲学社会科学版），2023，47(4)：177-181.

❷ 卢婉莹. 地域文化对徽商治理模式影响的比较研究 [D]. 大连：东北财经大学，2018.

血性，为鲁迅的文学创作注入了独特的力量。再如沈从文，以其抒情的笔触著称，这与湘西地区远离儒家文明，强调人性本真、张扬个性的文化特质息息相关。还有莫言的作品气势磅礴，这与山东齐文化的浪漫主义精神和燕齐之地崇尚英雄主义的地域文化不无关系。❶

（三）经济发展

在所有影响区域经济发展的因素中，地域文化具备明显的综合性，不同的地域发展的影响也不尽相同。然而从更为本质的角度来看，地域文化对区域经济发展的影响作用主体并无差异——都是通过其文化内部要素组合形成的地域文化需求、文化导向、文化行为和文化精神等主体来影响区域经济发展。

1.文化需求

需求是驱动人们行为的核心力量，也是经济活动的基础。随着生产力的不断提升，人们在工作之余拥有越来越多的闲暇时间，这促使他们对精神生活的追求日益丰富，文化消费因此成为满足需求的重要途径。这种文化需求的增长，从简单到复杂，从少量到大量，从低级到高级，不断演进。这一演进过程不仅促进了精神生产力的发展，也推动了社会经济的持续进步，使经济运行从一个水平跃升到更高的水平。

2.文化导向

文化导向在经济发展中扮演着关键角色，包括伦理道德、社会舆论、经营意识、思想观念以及价值追求等方面。这些导向通过塑造个体的行为，为经济的进步与发展提供了强大的动力。

3.文化行为

人们的行为总能反映一定的文化修养、文化习惯和文化追求。这在某种意义上同时也是文化的一种体现。不同类型的文化现象对经济发展的影响各异，有些可能成为推动力量，促进经济繁荣；而有些则可能构成阻碍，限制经济发

❶ 程华. 细读贾平凹 [M]. 西安:陕西师范大学出版总社,2021.

展。无论是积极的还是消极的文化现象，都可能在一定程度上对经济发展产生影响，但其程度和方式各不相同。

4.文化精神

文化精神，如民族精神、时代精神和社会风貌等，对区域经济的发展具有深远的影响。它通过激发人们的理想、信念和精神追求，激励人们投身于事业的发展，从而推动经济的繁荣。例如，历史上的"延安精神""南泥湾精神"以及当代的"温州精神"等，都极大地推动了特定区域的经济发展，其影响深远且持久。❶

三、凝聚

价值的含义广泛，涉及社会学、心理学、哲学等领域。社会学中，价值是人们对社会事物或现象的评价标准；心理学中，价值是人们对事物的重要性、意义、用途的主观评价；哲学中，价值涉及事物对人的意义、作用及人们对其的评价和态度。地域文化价值涵盖地理环境、民族文化、社会交流、艺术审美和科学认识等方面，体现地域文化的凝聚力。

（一）地理环境价值

地域文化的形成与发展，离不开地理环境的因素。地理环境为当地人民提供了生存的物质基础，同时也塑造了人们的生活方式和文化特征。譬如位于西南的丽江古城，城址坐落在高原山区，受独特的自然和地理环境影响，形成了明显的地域文化特色，这也体现出了地理环境价值的凝聚力。丽江古城的独特地理环境，秀美的自然风光，造就了独特的纳西族文化和人居环境。他们聚居在山脚下，搭建着独一无二的四合院式住宅，四周围绕山水，文化与自然景观的和谐统一，充分体现了他们对自然环境的敬畏与尊重。

---

❶ 吴义能. 区域文化对区域经济发展影响研究 [D]. 武汉:华中师范大学,2006.

（二）民族文化价值

地域文化往往与当地民族文化紧密相连，甚至是借助于民族文化才得以绽放光彩，这是区别于其他文化的根本所在。同样分布于西南地区的独特吊脚楼建筑形式（图1-5），通常半藏于山间，如鸟巢般错落有致地依山而建。吊脚楼亦有两类，结构与平房大体相同。一类为吊脚楼，另一类为吊脚半边楼。吊脚楼因每排的最外一根柱子齐二楼楼板下处栽下，呈悬在半空状而得名。❶其设计与建造，充分考虑了地形、气候等自然条件，同时也积淀了苗族独有的生活智慧和对自然的敬畏。在每一个苗家人的心中，这承载着生活记忆的聚落，早已融入他们的生命之中，成为信仰和精神寄托。这些别具特色的建筑，更成为他们自我认同和文化价值的一部分，象征着他们的民族精神。维护和传承这些聚落的努力，充分展现了这种文化价值，也更加强化了地域内外的凝聚力。

图1-5 重庆嘉陵江流域的吊脚楼（图片来源：白雪悦提供）

（三）社会交流价值

地域文化具有社会交流价值，它促进了当地人民之间的交流与互动，使

---

❶ 阿土. 苗族建筑——吊角楼 [J]. 贵州民族研究,2005(5)：140.

当地人民增强了地域认同感和归属感。傣族的泼水节、蒙古族的那达慕大会（图1-6）等社会活动，为当地人民提供了交流的平台，也使地域文化得以传承和发展。同时，地域文化也承载了社会道德和伦理的价值，对于维护社会秩序和稳定发挥着重要作用。

图1-6　呼伦贝尔地区的冬季那达慕大会（图片来源：林帝浣提供）

　　由于地理环境的差异，纵观东亚人类社会的发展历程，中原地区的农耕文明与北方草原地区的游牧文明自形成之初便具有天然的互补性。两者之间的商品交易和人员往来是不可避免的，也是各自社会生产和生活需求的共同体现。这种互补性随着时间的推移而不断深化，特别是在统一王朝的建立和发展过程中，双方逐渐形成了共生关系。

　　北疆文化与中原文化的互补和共生关系，为中华文明的持久连续性和统一性提供了有力的证据。这种文化交融不仅促进了不同地区间的经济和社会发展，也丰富了中华文化的内涵，展现了中华文明的独特魅力和生命力。❶

（四）艺术审美价值

　　地域文化具有独特的艺术审美价值，它涵盖了当地的建筑、雕塑、绘画、

---

❶ 朱尖. 试论北疆文化的学理与实践定位 [J]. 内蒙古社会科学,2024,45(1):33-39.

音乐、舞蹈等多种艺术形式。例如福建地区的传统建筑——土楼，以独特的圆形或者方形建筑结构，和优雅的自然环境完美地融为一体，展示了杰出的人居环境艺术和精妙的建筑美学，其中既包含了对自然环境巧妙的利用和顺应，又融入了自成一体的审美观念和理念。它是对材质、光线、空间的敏锐感知和独特处理，呈现出了极致的美感，更侧面反映了不同历史时期居民的生活习俗和社会结构。

（五）科学认识价值

地域文化中蕴含着丰富的科学理论，这是一代又一代人通过实践所得来的，对于研究当地的自然环境、历史发展、社会变迁等方面具有重要的参考价值。以中国传统的农耕文化为例，不同地区的农耕文化，无疑是凝聚地域文化不可忽视的力量，并且充分体现出扎根于民族土地的科学认知价值。

第二章

人居环境
的概念

　　人居环境设计，源自对人与自然环境相互关系的洞察，也是人类行为和生活质量的直接反映。其演进历程从原始野外生活，到部落聚居，直至今日的城市生活，都在持续探索如何平衡人与环境的关系。"以人为本"的设计理念及对可持续绿色设计的追求，体现了其面向未来的发展方向，即创建一个既满足人类需求又能保护地球的理想居住环境。

第一节

人居环境

人居环境，来自吴良镛先生的科学观点，强调人与自然和谐共生，创造理想的生活环境。它的构成要素包含自然系统、人类系统、社会系统、居住系统和支撑系统，这五大系统相互交织，形塑出人类的生活空间。理解这些要素，正是人们改造和优化人居环境、提升生活质量的关键所在。

一、人居环境的概念

人居环境，是与人类生存活动密切相关的地表空间，它是人类在大自然中赖以生存的基地，是人类利用自然、改造自然的主要场所，包括居住区、工作场所、公共设施等，以及与之相关的自然和人为因素。不同学者对人居环境的概念和范畴有着不同的观点。一些学者强调人居环境应包括物质和非物质两个方面，物质方面包括建筑、交通、设施等，而非物质方面则包括社会文化、心理健康等因素。另一些学者认为人居环境应该关注生态、可持续发展和健康等方面，强调环境与人的健康和幸福密切相关。同时，还有学者提出了人居环境的主观和客观两个层面，主观层面包括个体对环境的感知和评价，客观层面则指环境的实际条件和特征。综合不同学者的观点，可以认为人居环境是一个综合性的概念，涵盖了物质、社会、文化、生态等多个方面，旨在创造适宜人类生存和发展的空间和条件。

二、吴良镛先生的人居环境科学观点

作为城市规划与设计领域的杰出学者，吴良镛先生提出了深入人心的"以人为本"的城市规划理念，强调城市规划应以提高人们的生活质量和满足其需求为核心，致力于营造一个宜居、宜业、宜游的环境。

吴良镛先生的人居环境科学观点核心是本位的城市环境（图2-1），融合了城市规划、建筑设计、社会学、生态学等多个学科的成果。他倡导的是一种综合性的人居环境观，将城市发展与居民生活紧密相连，通过提升城市品质来增进居民的幸福感。在物质层面，关注建筑的功能性、舒适性和安全性，以及基础设施的完善性。在社会层面，强调社区发展、社会资源的公平分配，以及政府与市民的合作。在文化层面，重视历史遗产的保护、民族文化的多样性，以及公共空间的文化活动。在生态层面，关注生态系统的健康、资源的可持续利用，以及环境污染问题。

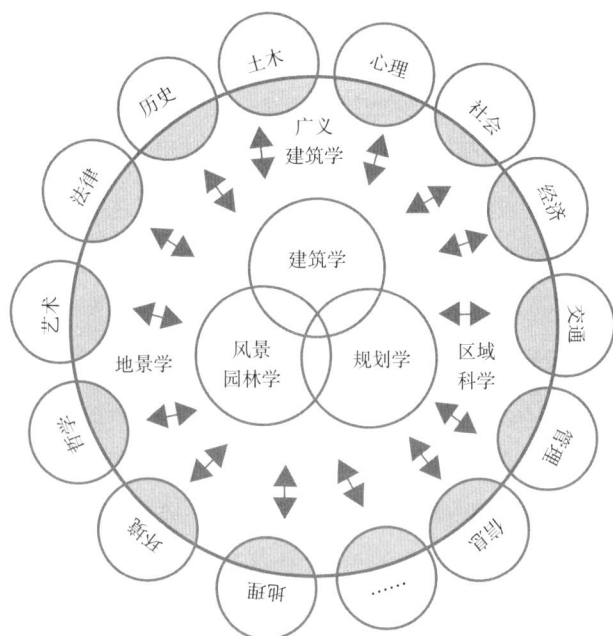

图2-1 人居环境科学的理论架构（图片来源：作者自绘）

人居环境的科学定义，涵盖了人类与环境之间复杂的相互作用，强调了多学科方法的整合应用。目标是创造一个宜居、健康、可持续的环境，提升生活质量和幸福感。同时坚定支持可持续发展的理念，提倡在城市规划和建设中采用环保和节能的措施。支持使用可再生和可回收材料，并主张根据地形特点进行建设，以减少对自然环境的破坏。人居环境观点不仅在理论上提供了新思路，而且在实践中得到了广泛应用和验证。他的理论为中国的城市规划和建筑设计提供了宝贵的启示，并归纳了人居环境构建的五个功能组成部分，为构建和谐人居环境提供了理论基础和实践指导。

通过这些理念和实践，吴良镛先生为中国乃至世界的城市规划和人居环境建设作出了不可磨灭的贡献，其理念和方法将继续指导未来的城市发展。❶

三、人居环境的构成要素

人居环境，以自然系统为基础，由人类系统、社会系统、居住系统以及支撑系统共同塑造而成。自然系统提供生物地理条件，人类系统反映人的需求与行为，社会系统则通过法律、经济、文化等塑造人居环境的社会属性。居住系统，作为物质空间的体现，包含住宅、公共设施等。支撑系统，如能源、原材料等，保障了人居环境的可持续发展。这些系统的深度交互，共同构成了丰富、多元的人居环境。

（一）自然系统

自然包括气候、水资源、土壤、植被、动物、地理特征、地形地貌和环境分析等多个方面。这些要素共同构成了一个区域的整体自然环境和生态环境，它们是聚居地形成和发展的基础，为人类提供了生存和发展的空间。自然资源，特别是不可再生资源，具有不可替代性；自然环境变化具有不可逆性和不可弥补性。

自然系统侧重于与人居环境有关的自然系统的机制、运行原理及理论和实践分析。例如，区域环境与城市生态系统、土地资源保护与利用、土地利用变迁与人居环境的关系、生物多样性保护与开发、自然环境保护与人居环境建设、水资源利用与城市可持续发展等。

（二）人类系统

人既是自然的改造者，又是人类社会的创造者。每个人都是社会和自然环

❶ 吴良镛. 人居环境科学导论 [M]. 北京:中国建筑工业出版社,2001.

境中的独立个体，拥有独特的生理、心理和行为特征。作为自然的改造者，人通过科学技术的力量，不断地开发和改造自然环境，以满足其物质需求。从农耕、矿业，到今日的可再生能源技术，人类的发展历程就是改造自然、与自然和谐共生的过程。作为人类社会的创造者，人的思想、文化、语言和社交行为都在塑造着人类所生活的社会环境。例如，人们通过艺术、教育、法律等手段传播思想，塑造社会价值观；通过科技创新驱动社会进步；通过公共政策塑造更加公平、包容的社会环境。

而对于人的生理层面的研究能帮助人们理解人体的运作和需求，心理层面的研究则能帮人们了解人的感受和行为。通过这些研究，人们能在设计和改造人居环境时，更充分地考虑到人的需求，从而创造出更健康、舒适、满足人类需求的人居环境。

（三）社会系统

人居环境是指人们共同生活和互动的居住空间，它不仅是人类居住的地理区域，也是社会活动的场所。社会是在人们相互交流和共同生活中的相互关系网络。人居环境的社会系统涵盖了公共管理、法律、人际关系、人口动态、文化特性、社会分层、经济发展、健康和福利等多个方面。它包括由不同地域背景、社会阶层和人际关系构成的群体体系，以及相关的机制、原则、理论和分析方法。

与传统建设观念相比，人居环境建设的最大区别在于采用"聚居论"的视角来审视人类生活环境。这种观点不仅关注聚落的空间布局和物质实体，还关注居住者的行为模式和生活方式。通过这种全面的视角，我们可以更深入地理解人居环境的复杂性和动态性，以及它对人类生活的影响。

人居环境建设应强调人的价值和社会公平。从根本上说，公平并不是纯经济学概念，它还含有伦理学意义。例如，中国的社区建设需要从中国国情出发，以"强势群体"的建筑区为着力点。各种人居环境的规划建设，必须关心人及其活动，这是人居环境科学的出发点和最终归属。

（四）居住系统

居住系统，作为一种综合化的概念，主要涉及住宅、社区设施和城市中心等多种元素。这些元素构成了人类和社会系统运行所依赖的基础设施，且融入了艺术的精髓，为生活增添了独特的美感。

城市，作为公众共享的社会空间和生活场所，如何进行公共空间以及非建筑物空间的合理布局，成为了人居环境研究中的一大战略课题。公共空间的开发与利用，关乎城市的活力和包容，反映了城市的开放性与多元性。为此，需要找到一种可持续的、符合公众需求的方案，优化公共空地的配置，以此提升城市的生活品质和居民的生活满意度。

人工建筑系统是指由人类通过建造过程，创造出的各种建筑物、构筑物等系统。这些系统包括住宅、办公楼、厂房、桥梁、隧道等，都是由人类根据需求，使用各种材料和技术建造而成的。人工建筑系统在人类社会中扮演着重要的角色，其不仅仅是人们居住和工作的场所，也是人类文化和艺术的体现。

当前，特别是在人口众多并且城市化进程日益加速的中国，居住问题的重要性和紧迫性更为突出。住房的角色，绝不仅仅是作为一种实用性商品来满足个人的居住需求，它更担负着促进社会发展、提高生活质量的重任，是实现社会进步的关键工具。

（五）支撑系统

支撑系统主要指人类住区的基础设施，包括公共服务设施系统——自来水、能源和污水处理；交通系统——公路、航空、铁路；以及通信系统、计算机信息系统和物质环境规划等。支撑系统是指为人类活动提供支持的、服务于聚落，并将聚落联为整体的所有人工和自然的联系系统、技术支持保障系统，以及经济、法律、教育和行政体系等。它对其他系统和层次的影响巨大，包括建筑业的发展与形式的改变等。

按照对人类生存活动的功能作用和影响程度的高低，在空间上，人居环境从空间层面又可以再分为生态绿地系统与人工建筑系统两大部分。❶

❶ 吴良镛. 人居环境科学导论 [M]. 北京:中国建筑工业出版社,2001.

　　生态绿地系统是各种类型和规模的园林绿地构成的生态网络体系，是城乡和区域总体建设规划中的重要组成部分之一。它根据规划任务，考虑人口社会经济现状和历史文化资源，以及与周边用地的关系等，研究现状特点、发展趋势，确定绿地的类别、面积和结构布局，组成一个完整的绿色网络系统，并与城乡和区域总体规划的其他部分密切配合，取得协调。生态绿地系统可细分为区域绿地系统、城市绿地系统、城镇绿地系统和公园绿地系统四个层次。其中，城市与绿地协同耦合的绿色图景也是生态绿地系统的重要组成部分，对于改善城市生态环境、满足居民休闲娱乐要求、美化城市景观、防灾避灾具有重要作用。

第二节

人居环境演进史

一、人居环境的演变过程

　　人居环境的演变是与人类社会发展紧密相连的，社会生产力的发展带动着人居环境的演变与发展。从原始社会到现代社会，居住环境经历了从简陋到复杂、从自然到人工的转变。了解这一演变过程对于我们理解过去、规划未来的城市和社会发展具有重要意义。

（一）原始社会阶段

　　在漫长的原始社会，人类最初以狩猎和采集等简单劳动为谋生手段。为了不断获得天然食物，人类只能"逐水草而居"，居住地点既不固定，也不集中。为了利于迁徙，人类的居住地点从可随时抛弃的天然洞穴，到地上陋室、树上窠巢，这些最简单的居住处散布在一起，就共同组成了最原始的居民地点。此时人们的生存与自然直接相连，居住环境受地理和气候等自然条件的制约。

（二）农业社会阶段

随着农业的兴起以及人类历史上第一次劳动分工，出现了在相对固定的土地上获取生活资料的生产方式，人类开始定居并建立永久性的定居点，形成了各种各样的乡村人居环境。农业的发展导致了村庄和城市的兴起，人们建造了更为稳固和复杂的住所，同时开始利用农业土地进行规划和布局。农业社会的居住环境更加与人类社会的组织和生产方式相契合。❶

（三）工业社会阶段/人类与生态空间矛盾集中阶段

工业化时代推动城市化和工业化飞速发展。工业革命引发大规模城市化，人们从农村迁往城市寻求工业就业。城市中产阶级崛起，工人阶级成为主要劳动力。社会结构变化影响居住方式和互动。城市迅速扩张，面貌大变，住房需求激增。国家建设大量住宅区，但初期对工人住宅关注不足，导致贫民窟问题。工业区成为显著特征，调整城市布局，但引发环境污染和破坏。基础设施如铁路、运输网络、水力和电力等推动城市和社会发展。工业化社会人居环境体现社会分工和城市化特征。❷

（四）现代社会阶段

在现代社会，全球城市化程度迅速提高。大量人口涌入城市，导致城市人口急剧增长，城市成为文化、经济活动的创新中心，人们更趋向于在城市中生活和工作，农村人口大大缩减。科技的飞速发展对居住环境产生深远影响。现代城市地标以高楼大厦为主，采用现代建筑技术和设计理念，同时绿色建筑和可持续建筑原则也得到了越来越多的关注，成为当代城市的代表。城市规划更加注重环境保护和社会可持续性，可再生能源的应用、废物循环利用、绿色交

---

❶ 许欢杰.《自然辩证法》中的生态思想对农村人居环境整治的现实意义研究 [D]. 长春:吉林建筑大学，2023.

❷ 刘娟. 城市人居环境质量评价研究 [D]. 武汉:华中师范大学,2002.

通系统等成为城市规划和建设的重要考虑因素。现代城市规划越来越注重绿化和公共空间的设计，城市公园、步行街区、自行车道等为居民提供了休闲娱乐的场所，同时改善了城市的生态环境。居住环境设计更加注重人类的生活品质和健康。❶

在未来，人居环境预计将变得更加智能化，物联网技术将连接家庭中的设备和系统，实现智能家居的概念。人们可能通过智能设备控制家居环境，包括温度、照明、安全系统等。未来人居环境可能更加注重可持续建筑和城市规划。绿色建筑、再生能源的广泛应用以及废物循环利用将成为主流，我们需要继续关注人居环境的可持续性和人文关怀，以创造更加宜居、健康和包容的居住环境。

二、人居环境演变过程的刻画与评价

人居环境评价体系一直是学术界热议的焦点，它涵盖了目标设定、对居住环境本质的理解、未来发展趋势的预测等多个层面。目前关于人居环境评价的研究中，评价指标体系多是表示状态的指标，涉及表示效率、质量的指标很少。此外，即便是同一指标，在不同的研究文献中其权重分配也常常存在显著差异，这导致了评估结果之间的不一致，甚至引发争议。❷目前国际上主要采用的人居环境评价指标有3类：状态型指标、趋势型指标和目标导向型指标（表2-1）。❸

表2-1 人居环境评价指标

指标类型	意义	人居环境使用案例
状态型指标	描述人居环境在特定时间点或时间段内的具体状况	空气质量指数（AQI），住房空置率
趋势型指标	分析人居环境随时间变化的模式	城市化率，绿地面积增长率
目标导向型指标	与提高或维持人居环境质量的特定目标相关	可再生能源使用目标，住房可负担性指数

---

❶ 刘玉玉, 周典. 基于生态承载力分析的人居环境规划研究综述 [J]. 华中建筑, 2014, 32(3): 22-25.
❷ 刘建国, 张文忠. 人居环境评价方法研究综述 [J]. 城市发展研究, 2014, 21(6): 46-52.
❸ 刘颂, 刘滨谊. 城市人居环境可持续发展评价指标体系研究 [J]. 城市规划汇刊, 1999(5): 35-37, 14-80.

（一）状态型指标

状态型指标指捕获某一时间节点的发展状况。例如，空气污染指数刻画的是某一时刻城市的大气污染状况，城市与农村居民的收入比描述的是两种环境中居民生活条件的差距。状态型指标通常用于评估某一特定时间点的环境状况。在进行人居环境设计时，可以利用这类指标来评估设计前后的环境状况，还可以使用城市与农村居民收入比这样的指标来了解不同区域居民的生活条件，进而设计出能够平衡和改善这些条件的人居环境。

（二）趋势型指标

趋势型指标是用来描述和衡量某一现象或变量随时间变化的指标。它们对于理解长期变化、预测未来趋势以及制定相应的策略和措施至关重要。如城市人口增长率，可以用来预测未来的需求变化，从而设计出适宜的人居环境，通过分析人口增长趋势来规划住宅区、公共空间和基础设施，确保它们能够满足未来居民的需求。

（三）目标导向型指标

目标导向型指标是用来衡量特定目标或愿景的实现程度。这些指标通常在规划和决策过程中使用，帮助组织或个人设定清晰的目标，并跟踪这些目标的进展情况。在人居环境设计过程中，通过设定一系列具体可量化的目标，如提高居民的生活质量、增强社区的凝聚力、提高环境的可持续性等。将总目标分解为具体的设计指标，可以更有针对性地进行设计，并方便定期检查这些指标来评估设计的有效性。美国俄勒冈的"基准"计划（The Oregon Benchmark Program）就是运用目标检验政府职能的著名案例。❶❷

人居环境的演变应考虑对自然环境的影响。评价时可以关注环境保护政策的实施、可再生能源的利用、废物处理等方面，以确保演变过程是可持续的。

---

❶ 克里斯蒂安·诺伯格 - 舒尔茨. 西方建筑的意义 [M]. 李路珂, 欧阳恬之, 译. 北京: 中国建筑工业出版社, 2005.

❷ 张文忠, 谌丽, 杨翌朝. 人居环境演变研究进展 [J]. 地理科学进展, 2013, 32(5): 710-721.

人居环境的演变也受到社会文化的塑造。评价时可以考察社区的文化氛围、文化遗产的保护、公共空间的设计是否体现了社会多样性和包容性。技术的不断创新对人居环境的演变有着重要作用。评价时可以关注科技的应用，例如智能建筑、智慧城市技术，以提高生活的便利性和效率。评价人居环境的演变还应考虑社会公平和包容性。是否有足够的公共服务设施，社会资源的分配是否公平，这些都是评价的重要因素。

三、人居环境演变的影响因素

城市人居环境代表着该地区的自然环境、经济发展水平以及基础设施等综合情况，是人们生活的重要条件。优质的城市人居环境能够增加社会资源的吸引力，带动资金、技术以及人才向该城市流动，推动城市工业、基础设施建设、教育医疗等多个领域的发展。❶

在当前大环境下，人居环境中的自然环境正在经历深刻而复杂的演变。气候变化、生态系统破坏以及人类活动的不可避免影响，共同塑造了我们居住的地球面貌。社会因素对人居环境的影响主要体现在软环境方面。联合国人居署执行主任霍安·克洛斯（Joan Clos）（2011）指出，除了人口城市化、经济发展、气候变化的挑战以外，人居环境还受到社会空间不平等与决策进程日益民主化所带来的挑战。城市人居环境的演变不仅是自然环境、经济状况和基础设施水平的体现，更是社会发展和人类生活的关键因素。通过科技创新、政策引导和社会共识的共同努力，我们有望塑造更为可持续、宜居的城市未来。

（一）大规模人类活动对人居环境的影响

城市化和人口集中导致了土地利用的剧烈变化，对土地、水资源和生态系统产生了深远的影响。在发展中国家，尤其是中国，经济的快速增长伴随城市化的迅猛发展，这不仅带来了基础设施的扩张和工业、商业区的扩展，也带来

---

❶ 陈慧蓉. 北部湾沿岸人居环境演变与评价 [C]//. 国家新闻出版广电总局中国新闻文化促进会学术期刊专业委员会. 2020 年第四届国际科技创新与教育发展学术会议论文集（卷一）. 北部湾大学资源与环境学院,2020:4.

了环境的挑战。

1.自然系统

人口集中和城市发展所带来的城市扩张对土地、水资源和生态等自然系统各个要素都带来了巨大的压力。人类对自然资源的广泛利用往往伴随潜在的风险，包括资源过度开发、环境破坏以及生态系统的崩溃。

对水资源的过度利用也是一个显著的问题。内蒙古自治区地域辽阔，土地面积约占我国国土面积的12%，横跨东北、华北和西北3个地区，区内资源储量丰富，有"东林西矿、南农北牧"之说，草原、森林和人均耕地面积居全国第一，是我国北方重要的绿色生态安全屏障。但近年来，草原地区矿产资源的开发虽然带动了当地经济的发展，但也在开采矿产资源的过程中对草原生态环境造成了不同程度的破坏（图2-2）。❶

图2-2 某铁矿越界开采造成的矿坑（图片来源：中央第三生态环境保护督察组）

同时，内蒙古也是国家重要的粮食生产基地和全国13个粮食主产省区之一，全区粮食产量占全国总产量的近5%，是全国净调出商品粮的6个省区之一。近年来，经济社会的快速发展，尤其是农业灌溉面积的扩张，导致局部地区水资源开发利用过度，加剧了水资源短缺的矛盾（图2-3）。❷

---

❶ 王俊霞,贾志敏. 内蒙古草原地区矿产资源开发与草原生态环境保护协调发展的法律研究 [J]. 内蒙古社会科学(汉文版),2012,33(6):133-137.

❷ 于丽丽,唐世南,陈飞,等. 内蒙古自治区水资源开发利用情况与对策分析 [J]. 水利规划与设计,2019(7):16-19,43.

图2-3　水量骤减的希拉穆仁河（图片来源：作者自摄）

　　大规模人类活动对自然资源的过度利用可能引发的多方面风险，强调了可持续发展和资源管理的紧迫性。采取可持续的资源管理措施，推动环保意识的提升，是维护地球生态平衡的重要一步。

2.人类系统与社会系统

　　人类对自然资源的广泛利用常常伴随资源过度开发、环境破坏和生态系统崩溃的风险。大规模人类活动，如开采矿产、大规模农业、城市化等，在推动地区经济增长、促进产业结构升级的同时，也对内蒙古人居环境中的人类系统与社会系统产生了显著且复杂的影响。

　　对人类系统而言，矿产开采、工业排放等活动可能导致空气、水体和土壤污染，增加居民罹患呼吸系统疾病、皮肤疾病等健康问题的风险。内蒙古地区曾长期面临煤烟、烟尘污染问题，特别是在冬季取暖季节，呼和浩特、包头等城市上空烟雾弥漫，对居民健康构成威胁。近年来，随着治理力度的加大，环境状况有所改善，但仍需持续关注。

　　与此同时，城市化进程加速了内蒙古地区人口向城市的迁移，城市规模不断扩大，居住环境发生显著变化。一方面，城市提供了更丰富的教育、医疗等资源；另一方面，住房拥挤、交通拥堵等问题也日益凸显。内蒙古地区需合理规划城市建设，提高居住环境质量。大规模农业和城市化促进了商品经济的发展，居民消费模式逐渐转变。然而，这也带来了资源浪费和过度消费的问题。内蒙古地区需倡导绿色低碳的生活方式，提高资源利用效率。

3.居住系统和支撑系统

城市化是一个显著的趋势，它带来了人口向城市集中的大规模迁移。这种城市化的过程影响了社会结构，推动了社会组织的变革。例如，中国的城市化进程在过去几十年中取得了惊人的成功，数百万人从农村迁往城市，这导致了城市社会结构的演变，传统的农村社会组织面临了新的挑战，而城市社会则呈现出更加多元和复杂的特征。

移民也是一个重要的社会变革因素。移民涉及不同文化和背景的人们迁徙至新的社会环境，这不仅对接受社区的文化传统提出了挑战，也为社会带来了多元化和跨文化互动。例如，欧洲国家面临的移民浪潮引发了关于文化融合、社会包容和公共服务调整的讨论，社会组织必须适应新的多元文化现实。社会变革对公共服务的需求和提供方式产生了重大影响。随着城市化和移民的增加，社会对基础设施、医疗、教育等公共服务的需求也大幅度上升。

这些影响相互交织，对人居环境的可持续性和未来发展产生深远影响。因此，可持续发展和环境保护成为应对这些挑战的关键议题。在大规模人类活动中实现经济增长的同时，必须采取可持续的措施来平衡环境保护的重要性。社会变革和对公共服务的需求也需要社会制度和组织机构的适应性和灵活性。

（二）气候与环境变化对人居环境的影响

近百年来，以全球变暖为主要特征的全球气候与环境发生了重大变化，全球出现水资源短缺、生态系统退化、土壤侵蚀加剧、生物多样性锐减、臭氧层耗损、大气化学成分改变、渔业产量下降等。这些变化由自然因素和人类活动共同造成，但最近50年来的变化主要由人类活动造成。由于全球变化的幅度已经超出了地球本身自然变动的范围，对人类的生存和社会经济的发展构成了严重威胁。❶

1.全球气候变暖与冰川退化

随着全球气温的上升和人类对自然资源的过度利用，世界各地的生态系统经历了明显的退化和恶化。这种变化在高山生态系统中表现得尤为明显。从小

---

❶ 秦大河,丁一汇,苏纪兰,等.中国气候与环境演变评估(I):中国气候与环境变化及未来趋势[J].气候变化研究进展,2005(1):4-9.

冰期到20世纪六七十年代，全球冰川面积从75.427km^{2}减少到59.414km^2，退缩的冰川数量已经占到总数的80.8%，呈现出加速的趋势。冰雪融水和增加的降水导致了内陆水系的出山径流量增加，但同时也引发了冰川融水的快速退缩。如果全球二氧化碳等温室气体的排放率不减，预计到2100年格陵兰冰盖将使全球平均海平面上升50cm，这将影响数百万人。❶

在中国，青藏高原的多年冻土面积减小，冻土下界上升，积雪面积和变幅增加，呈现出明显的气候变化趋势。黄河流域的降水和径流量减少，工农业用水的急剧增加导致了黄河下游断流频繁，入海水量减少。西部干旱半干旱区的内陆湖泊受到气候变化和农业灌溉的双重影响，湖水咸化、湖泊萎缩，甚至湖泊的消失，对该地区的生态环境产生了严重的后果。

面对这些挑战，国际社会必须采取紧急和协调一致的行动，减少温室气体排放，加强生态保护和恢复工作，提高水资源的利用效率，并制定适应气候变化的策略。通过科技创新、政策支持和公众参与，可以减缓气候变化的速度，保护脆弱的生态系统，并确保人类和自然世界的和谐共存。

2. 中国北部气候特征变化

气候变暖对中国的天气和气候极端事件产生了显著的影响。最新研究表明，中国的降水事件变得更加极端，表现为降水频率和强度的增加。在20世纪90年代，极端降水的比例明显上升，特别是在长江及其以南地区，年降水量和极端降水量都呈增加趋势。长江中下游地区的雨涝集中在5～7月，占全年涝情的70%～90%。气候变化导致的这种极端降水事件增加可能对水资源管理、生态环境和农业生产造成严重影响。

随着气候升温，中国北部的冬春季极端最低气温上升，而温度日变化减小。这可能导致寒冷季节的气温更加稳定，对农业和生态系统的适应性提出了新的挑战。近年来，中国北方干旱事件频发，尤其是华北地区面临的干旱形势严峻。自20世纪60年代中期至70年代中后期，华北地区由湿润向干旱过渡，而自70年代后期以来，干旱不断加剧。90年代后期以来，华北地区更是连年出现大范围的干旱，1997年和1999—2002年，不少地区连续5～6年遭遇干旱，导致水资源短缺、生态环境恶化和农业生产受损。这些干旱事件的严重性在

---

❶ Hörhold M, Münch T, WeiBbach S, et al. Modern temperatures in central-north Greenland warmest in past millennium[J]. Nature, 2023(613): 503–507.

20世纪90年代末和21世纪初达到半个世纪以来的最高水平。

全球性的气候变化和生态系统退化威胁着人类在全球范围内的可持续发展，需要国际社会共同努力采取有效的环保和气候变化缓解措施。总体而言，气候变暖对人居环境的气候模式和极端天气事件产生了深远的影响，对水资源、生态环境和农业等多个方面带来了挑战。有效的应对和适应策略将是确保人居环境可持续发展的关键。

第三章

地域文化与人居环境设计的辩证关系

第一节

人居环境中所承载的地域文化

一、群体的价值观

设计需要融入居住者的价值观，设计因人的需要而产生，所以设计不应该比居住者的需求还复杂。随着社会的不断发展和进步，人们对于居住环境的需求也在不断演变。内蒙古作为一个具有浓厚民族文化特色的地区，其建筑设计在外观上充分体现了当地群体的审美取向和深厚的文化背景。其中，建筑的形状、材料以及颜色等元素都承载着对当地文化的理解和表达。

以内蒙古博物院为例（图3-1），不仅在外观设计上展现了传统蒙古族文化的独特魅力，而且通过形状、材料和颜色等元素的巧妙组合，成功地展现了对当地文化的尊重和传承。这座建筑不仅仅是一个文化机构，更是当地城市发展中的独特亮点，为城市增添了独特的文化底蕴和历史渊源。在建筑的外观设计中，内蒙古博物院巧妙地融入了传统蒙古族文化的元素，通过建筑的形状、线条以及装饰细节，展现出浓厚的地域特色。部分建筑的轮廓呼应了草原的起伏，同时建筑表面运用了传统内蒙古艺术的纹样，这些设计都在传递对当地文化的深刻理解和尊重。

图3-1　内蒙古博物院（图片来源：魏宇杰提供）

　　材料也是内蒙古博物院成功呈现地域文化的重要因素。在建筑中使用了当地特有的材料，运用了传统设计工艺，这些都为建筑赋予了独特的质感和氛围，同时体现了对本土文化的珍视。颜色的运用更是一种直观的表达方式。建筑的外墙颜色可以反映当地自然景色的特点，或者是传统服饰中常见的色彩，这样的设计不仅使建筑融入周围环境，也能在视觉上唤起人们对传统文化的联想（图3-2）。

图3-2　内蒙古博物院外立面（图片来源：魏宇杰提供）

　　人居环境设计的意义，在于它能够与居住者的价值观相融合，满足人们对美好生活空间的追求，同时反映出一个地区的历史、文化和社会特征。随着社会的发展和人们需求的不断演变，建筑设计应当不断地吸收地域文化的精髓，创造出既具有时代感又蕴含深厚文化底蕴的居住环境。

二、环境构建的营造方式、社会关系和文化传承

　　讨论人居环境设计，不仅需要思考建筑的物理构造，更要思考这些建筑如何反映社会关系、文化传承，并为人们创造一个宜居、和谐的生活场所。环境构建的营造方式、社会关系和文化传承是其中至关重要的方面。

（一）内蒙古环境构建的营造方式

　　内蒙古作为中国非常具有代表性的地区，地域辽阔、人口稀少，蕴藏着丰

富的自然宝藏和独特的风光。在环境建构方面，内蒙古以对草原生态的呵护、科学利用以及传统文化的传承为核心，构建了一幅生态文明的画卷。这种综合的营造方式为内蒙古创造了一个生态宜居、文化瑰丽的发展格局。

包头市的城市更新项目——"草原明珠，绿色包头"注重建筑绿色化，在新建和改建的建筑中，采用了环保、可持续的建筑材料，推崇节能减排理念（图3-3）。在建筑设计上充分融入了草原文化元素。建筑外观的设计采用了草原特有的元素，如蒙古包的造型或草原花草的图案，以展现包头独有的草原风情。这种设计不仅使建筑与周围环境更加融洽，也为城市增添了浓厚的文化氛围。建筑外墙覆盖了隔热、隔音材料，提高了建筑的能效性能，降低了能源消耗。同时，引入了智能化的节能设备，如智能照明系统、智能温控系统，以更有效地管理能源资源，为居民提供舒适宜居的居住环境。

图3-3 当代包头城市景观（图片来源：魏宇杰提供）

图3-4 包头赛罕塔拉城中草原（图片来源：魏宇杰提供）

此项城市更新项目强调了园林绿化的重要性。在城市中心区域增设了大片绿地和公园，种植了各类树木和花草。绿化工程的设计注重体现包头的草原景观。引入了草原上常见的植物，使城市中的绿地更具草原的特色（图3-4）。这种绿化设计不仅美化了城市，让市民在城市中感受到了浓厚的草原氛围，增加了居民的归属感，还为市民提供了休闲娱乐的场所。项目中的绿地还设有智能灌溉系统，根据实时的气象数据进行精准浇灌，提高了水资源的利用效率。

交通规划也考虑到了包头的特殊地理和文化。在道路和交通枢纽的设计中，充分考虑了包头的开阔地势，采用了宽敞的街道和便捷的交通枢纽，使居民出行更加畅通。同时，通过引入草原上常见的自行车道，体现了草原上广袤而自由的行进方式。通过改建道路、建设自行车道和步行街区，项目致力于改善交通状况，减少交通拥堵。同时，引入了共享交通工具，鼓励居民采用更环保的出行方式，减少对环境的压力。

通过包头的城市更新项目，可以了解到在环境建构方面的营造需要结合城市自身的独特性，以及切实了解城市的需求，采取合适的策略进行人居环境设计。如同"草原明珠"项目，既保护了草原生态，又实现了资源的可持续利用，同时注重传承草原文化，为该地区的可持续发展奠定了坚实基础。通过综合性的策略改善了城市居民的生活品质，实现了环境建构的可持续发展。

（二）内蒙古人居环境设计改善社会关系

从空间生产理论的视角而言，城市空间是一种巨大的社会资源，因而也是一个社会关系的重组与社会秩序的建构过程。[1]从马克思主义的分析视角来看，物品是通过社会劳动被制造，并且具有交换功能，因此物品就从两方面反映了社会关系：一是社会劳动中的生产关系，二是物品交换过程中隐藏的社会关系。列斐伏尔（Lefebvre）将马克思主义的这一逻辑应用到社会空间领域，指出"空间生产是生产关系的再生产"。他把空间看作一种巨大的社会资源，受历史、自然、社会等诸因素的影响和塑造，它实际上是充溢着各种意识形态和社会生产关系的复杂产物，是一个社会关系的重组与社会秩序的建构过程。列斐伏尔进而指出，"不管在什么地方，处于中心地位的是生产关系的再生产"。[2]

乌兰察布博物馆新馆的建设就体现出了列斐伏尔的观点，这座博物馆位于乌兰察布市，以其独特的蒙元文化主题吸引了许多游客（图3-5）。这一建筑不仅在美学上令人惊叹，也为社会带来了积极的影响。建筑过程中采用环保材料以及注重节能设计，反映了对资源的可持续利用和对环境的关切。这种选择

---

[1] 张京祥,胡毅,孙东琪. 空间生产视角下的城中村物质空间与社会变迁——南京市江东村的实证研究[J]. 人文地理,2014,29(2):1-6.

[2] Lefebvre H. The production of space[M]. Oxford UK & amp, Cambridge USA: Blackwell, 1991: 145-189.

图3-5 乌兰察布博物馆新馆（图片来源：刘娜提供）

不仅仅是一种建筑上的决策，更是对生产关系的再塑造，推动了社会向更加环保可持续的方向发展。

在博物馆新馆的建筑中融入了传统内蒙古元素，使游客能够身临其境地感受蒙元文化的独特魅力。建筑外观采用传统蒙古包的形状，内部空间则结合了现代设计理念，呈现出融合传统与现代的和谐之美。这样的设计不仅让人们对传统文化有更深刻的认识，也加深了彼此之间的文化共鸣，促进了社会成员之间的情感交流。在建设过程中，参与者不仅仅是建筑工人和设计师，还包括了文化领域的从业者、历史学家等。这种跨领域的协同努力推动了文化产业的再生产，为社会创造了新的文化价值，促进了文化产业的繁荣。

博物馆的内部展陈空间布局得当，考虑到了游客的参观体验（图3-6）。通过合理的空间划分

图3-6 乌兰察布博物馆室内（图片来源：刘娜提供）

和展品布置，人们能够在沉浸式的环境中更好地互动和交流。这种展览设计能够促使游客之间分享对历史文化的理解，激发了彼此之间的讨论和交流，有助于建立起更加紧密的社会联系。

乌兰察布博物馆新馆在保留内蒙古特征的同时，通过展览空间的巧妙设计和环保理念的引领，为社会关系的建立带来了积极的影响。可见精心规划的人居环境设计有助于营造社区凝聚力，促进社会成员之间的互动和共同发展。

（三）内蒙古人居环境设计推动文化传承

相关研究表明，中国多个文化发源地区的景观已经出现了高度的人工化[1]，这充分表明了中国文化景观呈现"文化层积深厚、高度人工干扰与自然景观高度破碎化"的重要特征。文化环境的这一特征决定了传统文化保护需要人居环境设计的介入：传统文化遗产保护需要充分结合生态保护与生态恢复，在保护文化的同时使土地持续并健康。[2]

内蒙古作为一个具有富饶文化传统的地区，文化如何传承并发展尤为重要。塞上老街区块作为呼和浩特市打造的历史文化街区的核心，在保护和发展之间，找到了平衡点，探索出了更加广阔的发展空间。塞上老街区块的成功改造，将传统文化元素融入现代建筑中，为内蒙古的文化传承提供了一个可行的实施方向。

在呼和浩特市塞上老街区块改造的初衷中，设计师们不仅将目光投向了传统文化的传承，更将精力聚焦于如何在建筑设计中精妙地融合传统与现代元素，为这片老街区创造出一种独特的城市面貌（图3-7）。当漫步于其中时，传统的蒙古包元素与现代建筑相得益彰，共同构筑出一幅时空交错的城市画卷。这种设计巧思不仅在建筑的外观上有所体现，更在结构和材质的选择上展现出独到之处。传统的木质结构，承载着丰富的历史渊源，成为建筑的灵魂。这些木质结构并非简单地复制，而是在传统蒙古族建筑风格的基础上，经过现代工艺和技术的加工与创新。木材的选择、榫卯的巧妙搭配，都展现了对传统手艺的尊重和发扬。

❶ 王思远,张增祥,周全斌,等.中国土地利用格局及其影响因子分析[J].生态学报,2023(4):649-656.
❷ 李伟,杨豪中.论景观设计学与文化遗产保护[J].文博,2005(4):61-66.

图3-7 呼和浩特市塞上老街（图片来源：作者自摄）

草原风情则是老街区不可或缺的一部分。通过景观设计、绿化布局，呼和浩特的独特地理环境得以再现。草原的广袤、湖泊的清澈，仿佛能够在老街区中感受到大自然的呼吸。这种草原风情的注入，使老街区在不失传统韵味的同时，更具现代气息。

通过对传统蒙古族文化元素的敏锐捕捉和艺术巧妙运用，改造项目成功地将传统与现代在建筑设计中相互融合。老街区仿佛成为一个时空隧道，让人穿越在传统与现代的交汇之处，感受到历史的沉淀和文化的传承。这不仅仅是一座城市的改变，更是对文化传统的珍视和传承的生动展示。

第二节

人居环境设计体现地域文化的必要性

人居环境设计体现地域文化的必要性在于它不仅是一种对传统文化的尊重

和保护，同时也为社区创造了独特而有温度的生活体验。地域文化是一个地区的精髓，是其历史、价值观和社会凝聚力的象征。通过在人居环境设计中融入地域文化元素，建筑物和空间变得更具有身临其境的体验，居民能够在熟悉的环境中找到归属感。

一、延缓同质化进程

在探讨人居环境的广泛概念时，我们不仅要考虑硬环境，即物理空间和基础设施，还要关注软环境，即城市的社会文化氛围。城市软环境是指一个城市除了物理基础设施和自然环境之外的非物质要素，这些要素共同构成了城市的精神面貌和文化氛围。国家文物局原局长单霁翔曾指出，城市环境是一个综合了社会、经济和自然因素的复合体系，其中城市文化扮演着至关重要的角色。随着城市化和现代化的迅猛发展，中国各城市在现代建筑和材料使用方面的差异正在逐步减少，不同规模和级别的城市在有形的建筑特征上趋于一致。现代科技和工艺的普及，以及城市间建筑规划和样式的相互模仿，在全球化的浪潮中，城市之间的物理界限和外在特征正变得越来越模糊。城市间的差异不再仅仅体现在高楼大厦和基础设施上，而是更多地体现在文化软环境的深度和广度上。单霁翔深刻指出，城市文化不仅是构建和谐社会的重要基石，更是城市竞争力的核心和创新发展的驱动力，它塑造着城市的未来发展轨迹。随着城市逐渐从单一功能型向文化型转变，文化已渗透到城市生活的方方面面，成为不可或缺的关键要素。在全球化的今天，城市间的竞争，特别是在文化软环境的构建上，愈发显得激烈。城市文化的发展，不仅提升了城市的内在品质，更成为城市对外展示独特魅力和吸引力的重要窗口。因此，城市文化的培育和推广，对于提升城市的整体形象和竞争力具有不可替代的作用。

（一）城市同质化状况

在全球化的浪潮推动下，现代城市空间的物理形态正逐渐失去独特性，趋向同质化。这种趋势导致城市之间的差异性在视觉上变得模糊，商业中心的建筑风格、道路规划和文化架构趋于一致，仅在空间规模和人口数量上有所区别。这种现象不仅淡化了城市的独特风貌，同时也激发了公众对传统城市规划理念的深入思考和批判。在 *The End of Production* 里，让·波德里亚（Jean Baudrillard）揭示了后现代时期的一个核心现象：生产创造的衰退。其中指出，现代社会充斥着复制品，生产活动不再追求创新，劳动变得单调，失去了其原有的创造性和个性。这种趋势不仅削弱了城市的独特性，也促使公众开始质疑并重新审视传统城市规划的方法，寻求更具创造性和个性化的城市发展路径。❶

在全球化背景下，不同城市的建筑特色日益模糊。无论是在中国的北京、上海、天津、香港、台北，还是国际都市如悉尼、柏林、墨西哥城、首尔等，人们对城市的边界感知越来越弱，出现了千城一面的情况。许多本身拥有丰富文化背景的城市也在这种情况下丧失了自我特色，城市同质化现象愈发严重，而玻璃高楼大厦成为现代城市建筑的一种流行选择。在追求体现本土文化特色的过程中，仿古设计逐渐成为设计领域的主流理念。无论是城市规划的街道布局，还是住宅区的庭院设计，仿古风格被广泛采纳。这种趋势不仅体现了对传统文化的尊重和传承，也反映出一种国际化视野与本土文化融合的尝试。然而，在许多城市的发展中，这种融合并不总是和谐。一些城市规划者在推进城市化的过程中，受到西方发达国家以及国内大型城市发展模式的影响，往往忽略了当地独有的历史文脉、地理气候以及自然条件。这种模仿和复制的做法，虽然在短期内可能带来一定的经济效益，但长远来看，却可能导致城市失去其独特的个性和魅力。

城市同质化现象的突出呈现出一种令人喜忧参半的状态。一方面，城市化的快速发展为经济和社会带来了显著的进步，为人们提供了更多的机会和便利。然而，另一方面，这种同质化也带来了空间的单一性和缺乏个性化的问题。

从空间生产的角度审视，城市趋同现象在多个层面上呈现其复杂性。规划上的标准化是其中一方面，而城市功能区域的类似性、建筑外观的相似性以及商业街区的一致性都是同质化现象的体现。这引发了对城市发展模式的反思，如何在追求经济增长的同时，保留和弘扬城市独特的历史和文化，成为当代城市规划和发展中亟待解决的难题。

---

❶ 陶淇琪. 城市空间同质化：本质、问题及其超越 [D]. 苏州：苏州大学，2016.

（二）延缓城市同质化方式

延缓城市同质化进程，了解建筑与社会的关系是非常重要的。建筑"独特性"应建立在普罗大众广泛接受的认知之上。无论是别具一格的建筑还是常见的设计，它们在视觉呈现上都应首先满足公众的审美需求，这一点与黑格尔或马克思的美学理念不谋而合。❶ 个人的偏好虽然重要，但不能成为评价建筑美学的单一标准。要赋予建筑以独特性，需要在考虑大众审美的基础上，融入创新和个性，这是塑造建筑独特气质的关键因素。

城市化不仅带来了高楼大厦的林立，也催生了对旧有建筑的重新审视。在新旧建筑并存的城市空间中，旧建筑以其独特的历史价值和文化内涵，为城市增添了一抹别样的色彩。这些旧建筑见证了城市的发展脉络，承载着一代又一代人的记忆与情感。然而，随着时间的推移，一些旧建筑在功能和外观上可能已无法满足现代城市的需求。它们在与现代化建筑的对比中显得格格不入，甚至被视为影响城市形象的负面因素。为了平衡新旧建筑的关系，提升城市的整体形象，城市规划者和建筑师面临着一系列挑战。如何在保护历史遗产的同时，赋予旧建筑新的生命力，使其与现代城市环境和谐共存，成为亟待解决的问题。

此外，城市化进程中对旧建筑的改造和利用，也应充分考虑其对周边环境的影响。通过合理的规划和设计，旧建筑可以被赋予新的功能和价值，成为城市文化和艺术的新载体，为城市增添独特的魅力。通过将地方文化元素融入设计中，可以反映当地的历史、传统和价值观，传承和保护地方特有的风貌。❷

1.维护多样性

在全球化的潮流下，确保不同地区的文化差异得以保留和尊重是维护世界建筑多样性的重要一环。印度拉贾斯坦邦的建筑风格充分展现了印度文化的独特性和多样性。哈瓦里建筑以其精致细节、色彩斑斓的壁画和独具一格的结构而闻名遐迩。面对全球化带来的挑战，当地政府已经采取了一系列积极措施，包括制定法规和实施鼓励政策，以保护和传承这些传统建筑艺术。同时，拉贾斯坦邦的建筑师们在现代建筑设计中巧妙地融入了传统元素，创造出既满足现

❶ 伍蠡甫,胡经之.西方文艺理论名著选编(上卷)[M].北京:北京大学出版社,1985:476-479.
❷ 王美淇.中国当代同质化的公共建筑形象更新改造设计研究[D].沈阳:鲁迅美术学院,2023.

代生活需求又保留传统文化特色的建筑作品。这种对文化差异的保护和尊重不仅为当地居民提供了具有地域特色的生活环境，也为全球建筑多样性的保护作出了积极的贡献。通过这种方式，可以有效地避免全球化进程中可能出现的建筑同质化现象。

2.尊重文化差异

确保在全球化趋势下不同地区的文化差异得以保留和尊重对于丰富全球建筑风格和人居环境、防止过度同质化具有重要意义。文化不仅是民族精神的体现，更是认同感和自豪感的源泉，其价值超越物质。中华文化以其友善和包容性著称，56个民族各具特色。这种多样性源于中华文化的包容性，通过尊重差异和寻求共鸣实现和谐共生。中华文化长久传承，得益于其民族精神的包容基因，使之在世界文化中独树一帜。

文化传承不应仅坚守传统，而应基于自由选择和尊重时代内涵。文化反映国家和民族的思想深度，提供超越法律的社会准则。中国的"和而不同"观念，在外交和文化领域均鼓励尊重和直面异国文化。

3.利用当地材料

利用当地传统建筑技术和可再生材料等设计元素，可以在人居环境中实现更可持续的发展。这种做法有助于减少对资源的过度消耗，保护环境，并且与当地环境相协调，减少生态破坏。在亚马逊地区，建筑师们充分利用了当地丰富的木材资源，采用了传统的木工技艺，创建出与周边自然环境和文化相协调的建筑（图3-8）。这些建筑中使用的木材来自可持续管理的森林，确保了木材的可再生性。建筑中的设计元素则充分考虑了热带气候，采用通风良好的结构和防腐木材，以适应潮湿的气候条件。这种做法不仅有助于减少对非可再生资源的依赖，

图3-8　仿亚马逊地区建筑风格的观景台（图片来源：作者自摄）

还最大限度地降低了对环境的不良影响。同时，这些木质建筑与周边自然景观相融合，减少了对土地的过度开发，有助于保护当地生态系统的完整性。在建筑设计中融入当地传统建筑技术和可再生材料的重要性，为人居环境的可持续发展提供了可行的方案。

二、提升文化内涵

地域文化设计中要表达的不仅是一种审美选择，更是一种价值观的延续，通过对地方历史和传统的尊重，设计能够成为文化传承的媒介。这种做法不仅让建筑具有独特的地域性，同时也有助于社区凝聚力的形成。

作为中国古都西安的地标之一，大雁塔承载着丰富的历史文化（图3-9）。近年来，当地政府在景区的规划和建设中充分体现了对地域文化的尊重。在建筑设计中，大雁塔附近的新建筑融入了传统的唐代建筑风格，采用了古老的建筑元素和手工艺技术。这种设计不仅使新建筑与大雁塔周边的环境融为一体，更是对当地文化的一种传承和弘扬。通过将地域文化融入设计，大雁塔景区创造了一个既现代又传统的社区环境。居民和游客在这里可以感受到浓厚的历史氛围，建筑本身成为一个文化载体，激发了当地居民对本地文化的自豪感，形成了一种文化认同。居民之间通过对共同历史和传统的认同，建立起一种紧密的联系，进而提升社区的凝聚力。

地域文化增加了人居环境的深度和意义。苏州园林是中国古老城市苏州的代表性建筑，承载了深厚的文化历史。这些园林以精致的设计、独特的园林景观和

图3-9　西安大雁塔（图片来源：高飞提供）

传统的建筑风格而闻名。例如，拙政园和网师园（图3-10）等著名园林通过巧妙的布局、精湛的园艺技术和传统建筑元素，将自然景观与文化内涵融为一体。这些园林不仅为人们提供了宜人的休憩场所，更通过独特的设计展示了苏州地域文化的独特魅力。建筑中的传统元素、独特的园林布局以及精心设计的景点都反映了苏州深厚的历史和文化传统。这样的设计不仅赋予了建筑深刻的历史内涵，同时也使人们对苏州这座城市产生强烈的归属感。通过参观这些园林，居民和游客能够更深入地理解和感受苏州的地域文化，从而加深他们对居住环境的情感认同。这种深度的文化体验不仅让人居环境更具意义，还促进了居民之间的互动和共鸣，提高了空间凝聚力。苏州园林成为一种具体的文化符号，通过建筑、景观和文化传统共同构筑了人居环境的深度和意义。

图3-10　苏州网师园（图片来源：作者自摄）

地域文化的综合运用在人居环境设计中具有极其重要的意义，可以提升文化内涵、增强建筑的独特性，并加深人们对环境的情感认同。设计者应当在人居环境设计中充分注重地域文化的综合运用，以创造具有深度和丰富文化内涵的居住空间。

三、增强场所和空间的认同感

建筑与场所的认同感是一个深刻而复杂的概念。它要求设计师不仅要有对环境的敏感度，更要有对文化和人文的深刻理解。在全球化的大潮中，如何保持和发展每个地方独特的场所精神，是设计领域面临的重要课题。需要设计师创造出既具有地方特色又能满足现代社会需求的建筑和场所，让它们成为连接过去与未来、本土与世界的桥梁，为人们提供富有认同感和归属感的空间。❶

（一）场所和空间认同感的定义

1. 认同感

人居环境的认同感是指个体或群体对于其居住环境在心理和情感上的归属感和认同度。这种感觉源自居民对于周边环境的美学特征、文化氛围、社会互动、安全感以及环境质量的积极评价和情感连接。认同感强烈的人居环境能够促进居民的幸福感和满意度，增强社区凝聚力，激发居民对社区发展和维护的参与热情。一个具有高度认同感的人居环境，不仅是居民日常生活的物质载体，更是他们精神生活和社会关系的重要组成部分。在这样的环境中，居民能够感受到家的温暖、社区的支持和文化的共鸣，从而建立起对所在环境的深厚情感和积极态度。

自 20 世纪以来，旅游业的蓬勃发展凸显了地域特色体验对人类日常生活的深远影响。然而，随着时间的推移，这种独特的地域体验正逐渐被淡化。工业革命以来，科技进步一度被寄予厚望，人们期望通过它可以摆脱对特定地理位置的依赖，实现更自由的生活方式。但这一理念最终被现实所驳斥。随着环境污染和资源短缺问题的日益严重，人类必须重视与自然环境的和谐共生。

"定居"这一概念深刻揭示了人类与特定场所之间的深层联系。它不仅仅是一种物理上的居住状态，更是一种情感和精神上的扎根。定居意味着人们与一个地方建立起持久的联系，这个地方成为人们生活的一部分，影响着身份、价值观和生活方式。深入了解"定居"的内涵，才能更好区分"空间"与"特性"这两个概念。

空间是一个抽象的概念，指的是没有特定内容的三维区域；而特性则是空间中所蕴含的独特属性和价值，是一个地方与众不同的本质特征。特性赋予空间以意义，使其成为具有特定文化、历史和生态价值的场所。为了确立一个稳

❶ 陈莹. 博物馆设计中的场所认同感研究 [D]. 武汉：华中师范大学，2013.

定的存在基础，个体需要在环境中找到自我认同感。在现代社会中重新平衡方位感知与归属感的关系，认识到两者对个体完整体验的重要性。通过培养对特定场所的深入理解和情感连接，在享受现代科技带来的便利的同时，保持与环境的和谐共生，避免因过度追求实用性而导致的情感疏离，才能在现代社会中找到真正的归属感，实现个体与环境的共同发展。

2.场所认同感

在现代社会，人们对于场所的独特气质和归属感有着强烈的需求和渴望。这种归属感被视为区分不同场所的关键因素。全球各地的人们普遍认为，一个具有独特气质的场所能够激发个体的认同感，这种认同感使该场所与其他场所区别开来。场所是人们日常生活不可或缺的背景，而建筑物作为人类活动的主要场所，其设计和功能在塑造场所精神和促进个体归属感方面发挥着至关重要的作用。

建筑往往被视为其环境不可或缺的一部分，它们自然而然地融入周围景观，仿佛原本就属于那里。即便是那些在设计上与周围环境形成鲜明对比的建筑，如法国埃菲尔铁塔、中国国家大剧院、英国瑞士再保险塔等，尽管最初可能引起争议，但最终它们以独特的方式成为城市的一部分，创造出具有统一性的场所特性。这些具有强烈视觉冲击力的建筑不仅在设计上与众不同，更以其独特的文化象征意义深入人心。埃菲尔铁塔，曾是工程学的奇迹，如今则是浪漫与法国文化的象征，成为了巴黎的地标性建筑。它的存在超越了物理形态，成为了情感共鸣和文化标志的载体。

在工业革命之前，建筑与自然环境和当地文化紧密相连，场所认同感自然而然地形成。然而，随着全球化的推进，场所的文化连续性和特性需要被刻意设计和维护。设计不仅是艺术的实践，更是对社会需求的响应。一个成功的设计，不仅能够与环境和谐共存，更能够体现出对人文的关怀和对地方认同感的尊重。

（二）场所和空间认同感的提升路径

提升场所和空间认同感可以增强个体与该场所或空间的情感连接，并促进个体对于该场所或空间的积极参与与支持。探索如何提升场所和空间的认同感是非常有必要的，它对于个人、城市和社会都具有重要意义。

1.设计与功能结合

场所和空间的设计应与其所承载的功能相匹配。合理的规划和设计可使场所和空间的布局、结构、配色和装饰等元素与实际使用需求相协调，创造出舒适、便利和富有个性的环境。这样的设计能够满足个体的实际需求，提升个体在场所和空间中的满意度和归属感。

2.参与与共享体验

个体的参与和共享是提升场所和空间认同感的重要路径。通过邀请和鼓励个体参与场所和空间的设计、规划或决策过程，使其感受到自己的意见和需求被尊重和重视。同时，在场所和空间的使用过程中，创造出多样化的共享机会和体验，让个体感受到彼此之间的关联和社区感。

3.文化与历史传承

场所和空间的文化和历史传承是提升认同感的重要因素。通过保留和弘扬场所和空间的独特文化特征与历史价值，让个体感受到场所和空间的独特魅力和认同。这可以通过展示文化艺术作品、举办文化活动、传承地方传统等方式实现，激发个体对于场所和空间的情感认同。

4.社交与互动环境

提供积极的社交和互动环境是提升场所和空间认同感的有效途径。创造出多样化的社交和互动场景，例如社交活动、共享空间、团队合作等，促进个体之间的交流和互动。这样的环境能够加强个体之间的联系和认同感，培养彼此之间的协作精神和社区意识。

提升场所和空间的认同感对于个体和城市来说都具有重要的意义。对于个体而言，提升认同感可以增强其对于场所和空间的归属感和满意度，促进个体的情感和身份认同。对于城市而言，提升认同感可以增强凝聚力和社会互动，促进成员之间的合作和共享。同时，提升认同感也可以促进场所和空间的可持续发展和长期支持，使其成为城市发展和活力的重要驱动力。

四、促进景观空间的交互性

景观空间的交互性是指在特定的环境设计中，空间与使用者之间的动态互动关系。这种互动不仅体现在视觉上的美感享受，更涉及触觉、听觉甚至嗅觉等多种感官体验。一个具有高度交互性的景观空间，能够激发人们探索的欲望，促进人们在其中进行各种活动，如散步、休息、社交等。

交互理念下的景观设计通常将作品符号化，通过相对隐性的方式将想要传达的情感和内涵带给参与者，引导参与者在行为和思想上与作品相互交流和碰撞，从而产生关注并深入接触的欲望，在这个过程中会迸发新的艺术火花。❶

地域文化在景观空间设计中至关重要，其赋予环境独特的身份与特色，并提升交互性。它通过注入历史与传统元素，使景观空间成为富有故事和意义的场所，增强居民认同感与参与意愿。同时，地域文化塑造独特空间氛围，结合自然条件与居民生活方式，提供舒适环境和活动资源。通过融入传统庆典、艺术表演等活动，吸引居民参与，促进社区联系与交流。地域文化还促进景观空间的社会包容性，尊重多元文化，打破隔阂，构建和谐社区。

地域文化在提升景观空间交互性方面发挥着不可忽视的作用。通过深入挖掘当地的历史、传统和文化特色，将其融入景观设计中，可以使景观空间更具魅力、吸引力，并且更符合当地居民的生活方式和审美需求。这种以地域文化为基础的设计理念，有助于创造出更加具有人文关怀和社会价值的景观空间。

第三节

地域文化在人居环境设计中的体现方式

地域文化是一个国家、地区或民族在历史发展中传承下来的，它体现了一

---

❶ 荀方兵. 基于交互理念下的北京城市公园景观设计研究 [D]. 吉林：东北电力大学, 2023.

个国家、地区或民族的价值观念、思维方式、经济发展阶段、文化内涵等。其可以是抽象的思想代表，例如儒家思想是中国的一个对外象征符号，也可以是具体的物化形式，如杭州西湖、北京故宫、西安皮影、重庆火锅等，表现了一个地方的文化特征和生活面貌。

一、符号

　　符号是一种携带意义的媒介，它可以在广义和狭义两个层面上进行理解。广义上的符号泛指所有能够代表其他事物或概念的标记、物体或现象，其范围广泛，无所不包。而狭义上的符号通常指的是除语言文字之外的符号系统，如图像、声音、动作等非语言形式的表达。

　　在文学和艺术领域，人类利用符号进行创造性的信息传递。艺术家和作家通过符号来捕捉和表达思想、情感和故事，将抽象的概念转化为具体的形象，使观众或读者能够在心灵深处产生共鸣。符号在这里充当了沟通的桥梁，它不仅传递信息，还激发想象，引发思考（图3-11）。

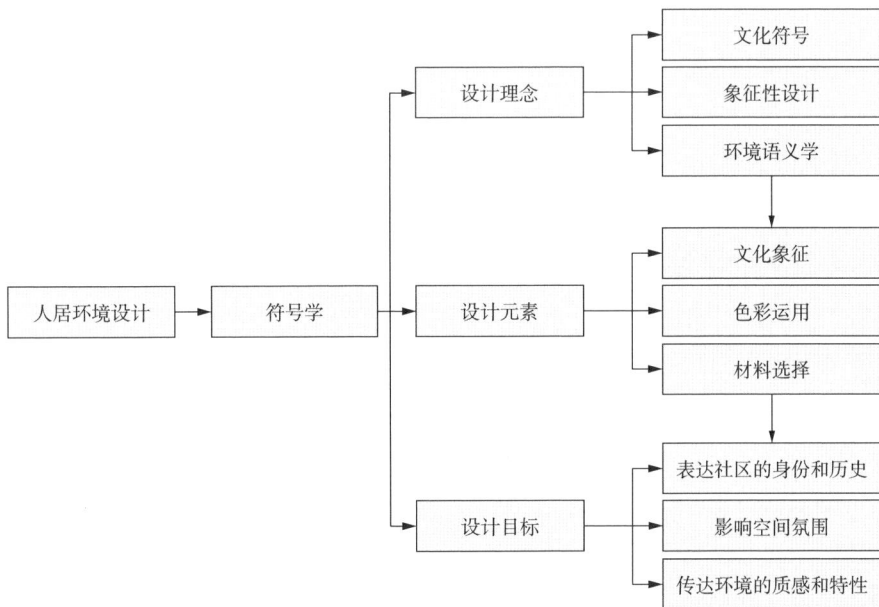

图3-11　基于符号学的人居环境设计思路（图片来源：作者自绘）

（一）符号学

索绪尔和美国哲学家皮尔斯对符号的分类可算是最具权威性的❶，他们认为要解释符号需要从符号本身入手，他们将符号的意义引申，推导出"符征"（signifier）——符号的表现形式，与"符旨"（signified）——符号所表达的意义。❷符号的表现形式与表达意义可以是任意的关系，两者没有必然性。❸符号本身是中性的，它不自带固有含义，而是社会文化背景和人类的实践赋予了它特定的意义。英国学者奥格登（C.K.Ogden）和理查兹（I.A.Richards）在索绪尔的理论基础上发展出了"语意三角"理论，这一理论阐释了符号与使用者之间的互动关系。在这个理论中，符号的含义源于它的"所指"和"能指"。所指是符号所代表或关联的概念或实体，而能指则是符号本身，即人们用来指向所指的那个声音或图像。符号的意义并非内在于符号本身，而是通过社会约定俗成和文化习俗在人们心中构建起来的。换句话说，符号是沟通的媒介，它通过"能指"与"所指"的结合，使人们能够将抽象的概念具象化，并在社会交流中传递这些概念。符号的意义是动态的，随着社会的发展和文化的变迁，同一个符号在不同的语境和时代中可能会被赋予不同的解释和理解。❹

符号可以被视为一种社会文化的编码，它携带并反映了特定社会和文化背景下的价值观和认知。人们在使用符号的过程中，不断地对其进行解读和重构，使符号的意义得以丰富和发展。这种符号的多义性和可变性，正是语言和文化交流的魅力所在。

（二）地域性符号

地域性符号理论是从符号学理论的角度进行表达，探索地域文化的研究，提炼人文精神、传统图案、建筑风格等符号的过程，并将不同地域文化转换为符号。地域性符号是当地文化的载体，是地域独特的文化表现形式。任何地区的地域性都反映了人们在该地区的思维和行为方式。独特的文化特征随着时间

❶ 郭鸿. 索绪尔语言符号学与皮尔斯符号学两大理论系统的要点——兼论对语言符号任意性的置疑和对索绪尔的挑战 [J]. 外语研究,2004(4):1-5,80.

❷ 皮尔斯. 皮尔斯:论符号 [M]. 赵星植,译. 成都:四川大学出版社,2014.

❸ 丁尔苏. 符号与意义 [M]. 南京:南京大学出版社,2012.

❹ 约翰·迪利. 符号学基础 [M]. 张祖建,译. 北京:中国人民大学出版社,2012.

的推移而发展。人文作为一个地区的文化载体和象征，具有明显的内涵和文化共识，可以从人文精神和地区的自然环境中衍生并转化为文化符号。最具代表性的元素是当地的古建筑、传统图案、民间工艺、节日和文化习俗等。❶地域符号作为地域文化的象征，承载着深刻的文化意义。基于符号学理论，深入研究地域符号，能够精准识别地域文化中物质与精神层面的象征符号，进而提升地域文化的价值和表现力。

地域符号具有多样性和差异性，反映了它们所处的自然和人文环境的影响。比如我国北方和南方住房的差异，从北到南，房屋进深、高度和坡度都逐渐增大，主要是因为这样的设计便于雨水的排泄和屋内通风纳凉。北方民居正南正北的方位观比南方强，其原因是北方地区比南方纬度高，特别是冬春季节获得的热量少，正南正北的方位能够获得较多的太阳辐射，利于提高室内温度。北方民居的墙体严实厚重（图3-12），南方民居的墙体轻薄（图3-13），其原因是北方地区特别是在冬春季节，气温比南方低，风沙比南方大，墙体严实厚重，利于防风保暖。不同的地区有不同的品位和习俗，因此使用当地符号的方式也不同。由于地域特色，符号的内容只有当地人才能深刻理解，从而这些符号成为当地文化内涵的独特表达。❷

图3-12　北方传统民居（图片来源：高飞提供）

---

❶ 胡小聪. 城市文创园环境设计中的地域性符号应用研究 [J]. 设计,2018(11):13-15.
❷ 周涛. 闽南传统民居的地域性色彩符号编译 [J]. 工业设计,2020(12):132-133.

图3-13 南方传统民居（图片来源：高飞提供）

　　在地域性符号相关理论的研究中，地域性符号具有实质性意义。它们反映了一个地区的文化特色和历史传统。它们不仅仅是一种客观的物质形态，而是一种深刻的文化符号，它们能够传达出一种独特的文化内涵，让人们能够更深刻地理解和体验这种文化符号所传达的信息。地域符号的提取和表现不应该是一种抽象的概念，而应该是一种实实在在的存在，只有这样，才能够真正理解地域性符号的本质。❶

二、转译

　　全球化的浪潮让信息、文化、商品在世界范围内自由流动，但也带来了地域文化的冲击。传统的地方特色在全球同质化的趋势下，面临着被淹没的危机。地域文化转译因此成为一种应对挑战的方式，它既是对传统文化的保护，又是对外来文化的吸收与转化（图3-14）。

---

❶ 程聪. 基于地域性符号理论的保定市井文化视觉设计应用研究 [D]. 保定：河北大学，2022.

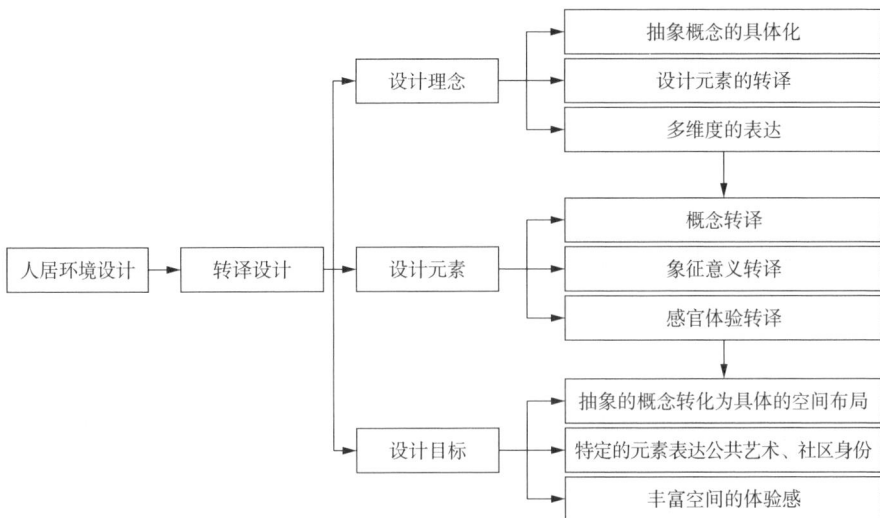

图3-14　基于转译手法的人居环境设计思路（图片来源：作者自绘）

（一）转译原型

心理学家卡尔·荣格（Carl Gustav Jung）将原型定义为一种典型且反复出现的意象，它是通过归纳、概括和抽象化过程形成的，具有典型性特征的综合体，代表着一种充满意义的形式。❶在继承和发扬传统的同时，我们发现传统中充满了符号性的形式和持续发展的思想，这些都是原型的体现。关注原型的目的，不仅在于对历史的敬重，更在于确保历史的连续性和活力。

通过运用象征和隐喻的技巧，原型得以在形式上得到表达，这不仅搭建起了设计者与观察者之间的沟通桥梁，还激发了观察者潜意识中深层的原始记忆。原型之所以强大，是因为它具有高度的概括性，它在"转译"的过程中充当了基础而关键的意义传递者。借助原型，设计可以有效地传达其意图，并激发观察者的主体联想，从而引发共鸣。在"转译"过程中，传统既包括可以明显识别的形式原型，也包括需要深入挖掘的思想原型。面对传统，不应将其简化为表面信号或符号，而应深入审美信息的层面，进行深入的解读和创新性的重塑。这种深度的理解和再创造，能够使传统以一种新的形态和意义，生动地存在于现代社会之中。❷

❶ 张凌浩. 符号学产品设计方法 [M]. 北京：中国建筑工业出版社，2011.
❷ 刘启明. 传统造型元素在当代空间形态中的转译 [D]. 天津：天津大学，2016.

（二）地域文化转译

地域文化的设计转译是一种创造性的转化过程，它将抽象的地域文化特征转化为具有明显特征的设计元素，并将其融入居住环境的美学设计中。这一过程是对地域文化深刻的理解和现代设计手法的巧妙应用，使设计作品不仅能够反映出地域文化的深度和丰富性，同时也满足现代审美和功能的需求。这一过程通常遵循三个主要阶段。❶

设计转译的起始阶段，设计师扮演着文化探索者的角色，旨在深入地域文化，敏锐地识别并提取那些显著的文化符号和深层文化价值。这些文化元素，如同地域的DNA，承载着历史、传统和精神内涵，是构建设计概念的基石。在日本京都，许多传统的町屋（Machiya）被设计师改造为现代居住空间。设计中保留了町屋的外观和结构，同时在内部进行现代化改造，以适应现代生活的需求。这一过程中，设计师深入理解了日本传统建筑的文化价值，提取了如木质结构、滑动门（Shoji）和榻榻米等文化元素，并将它们融入设计中，构建了具有地域特色的现代居住环境。

在明确了设计概念之后，设计师进入创新的实践阶段。运用现代设计手法，对提取的文化元素进行形态和视觉形象的重构。这一过程涉及对元素的抽象化、简化或夸张处理，目的是创造出具有辨识度和现代感的视觉设计元素。阿姆斯特丹的运河屋是荷兰传统建筑的代表，以其独特的山墙和运河立面而闻名。在一些改造项目中，设计师采用了创新的设计手法，将这些传统元素进行视觉重构。例如，通过使用现代材料和技术，对山墙进行重新设计，使其在保持传统特征的同时，展现出现代感。

最终阶段，设计师将这些经过创新转化的设计元素巧妙地融入设计作品中。这不仅是一个技术操作过程，更是一次艺术创作。设计师需要考虑如何将文化元素与现代设计语言相结合，创造出既展现地域文化特色又满足现代审美的设计。例如，苏州园林中通过巧妙地运用水系、假山、亭台楼阁等元素，创造出既具有传统园林特色又满足现代居住需求的空间。

通过这一连串的步骤，地域文化的设计转译不仅保留了文化的传统精髓，更通过现代设计手法赋予了其新的表现形式和生命力。这种融合传统与现代、

---

❶ 孙新可.基于地域文化转译的丹阳市公交站台设计研究 [D].镇江：江苏大学，2022.

地域性与普遍性的设计实践，为地域文化的传承与发展开辟了新的道路，同时也为现代人居环境的创新提供了丰富的灵感和可能性。

三、叙事

（一）叙事理论

叙事是人类天生的一种基本表达形式，其历史源远流长，几乎与人类的文明史同样悠久。尽管如此，将叙事作为一个重要现象正式纳入学术研究的范畴，却是相对较晚的发展。20 世纪 60 年代末期，在结构主义思想的推动下，叙事学作为一门独立学科在法国正式确立。

不可否认，结构主义叙事学所取得的成就是显著的，其影响力也是广泛而深远的。它所构建的理论框架，为人们深入理解和分析叙事作品中复杂的内在结构提供了强有力的工具，使我们能够对叙事的构成要素和内在逻辑进行更为精确的解析。

叙事，如果通俗地去解释它，就是用"讲故事"的方式传递信息和表达情感。[1]北京大学长期从事叙事学研究的申丹教授对叙事的解释：使用各种媒介（如语言、空间和绘画等）来重现某个过去的故事。[2]事实上，叙事的媒介是多种多样的，从古人的结绳记事到后来的绘画、雕刻再到如今的小说、电影甚至是建筑，叙事几乎伴随整个人类文明的演化过程。然而关于叙事学的相关研究，直到 20 世纪 60 年代才在欧洲得以正式确立，20 世纪 70 年代逐步兴起。[3]

（二）地域性叙事

地域性叙事是一种文化传达策略，它利用故事、象征、建筑和艺术等媒介，展现地区独有的历史脉络、文化特色与身份标识。这一叙事方式超越了单

---

[1] Herman D. Narratologies: new perspectives on narrative analysis[M]. Columbus: Ohio State University Press, 1999: 23-26.

[2] 申丹, 王丽亚. 西方叙事学: 经典与后经典 [M]. 北京: 北京大学出版社, 2010: 66-78.

[3] 朱政. 苏州旧城区城市叙事空间研究 [D]. 长沙: 中南大学, 2009.

纯的历史回顾，它对地域精神进行现代诠释，并展望其未来发展（图3-15）。

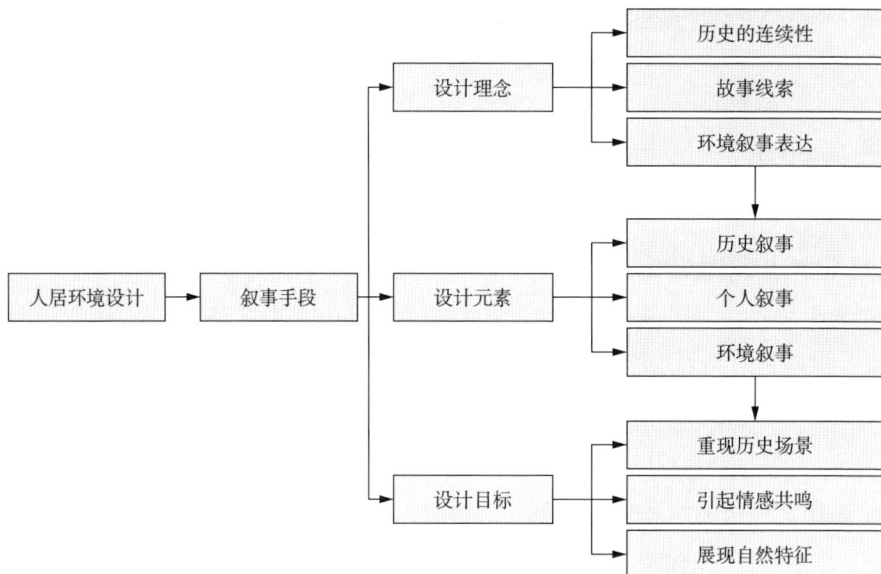

图3-15 基于叙事手法的人居环境设计思路（图片来源：作者自绘）

地域性叙事作为一种文化实践，其核心力量源自对关键要素的深刻捕捉与表达。它不仅追溯了地区的历史脉络，记录了时间的轨迹和地区的演变历程，而且深入挖掘了文化特色，展现了地区居民的生活方式、信仰和价值观的独特性。更重要的是，地域性叙事强化了身份标识，塑造了居民的认同感和归属感，为个体与集体之间建立起了一种文化和情感上的紧密联系。通过这种叙事，地区的历史和文化遗产得以生动地呈现，同时，它也为现代社会提供了一种理解和评价自身文化身份的视角，增强了社区的凝聚力，并为地区的可持续发展注入了活力。朱育帆教授的香山81号院设计案例（图3-16），以其独特的叙事性设计手法，将传统与现代、自然与人文、静谧与活力巧妙融合，创造出一个充满故事性的居住空间。在这个项目中，朱育帆教授深入挖掘香山地区丰富的历史文化背景，通过景观设计讲述一个关于时间、记忆和自然共生的故事。设计中朱育帆教授首先尊重并保留了场地原有的自然特征和历史元素，如古老的树木和历史建筑，这些元素成为叙事的起点，为整个设计奠定了深厚的文化基础。之后运用了一系列叙事性设计策略，如利用台阶和坡道模拟山势，创造出一种登山的体验；通过水景和植被的配置，营造出宁静而生动的氛围；以及通过光影和材料的对比，强化了空间的层次感和时间感。这些设计手法不

图3-16　香山81号院（图片来源：作者自摄）

仅增强了空间的可读性，也让人们在体验中自然而然地感受到场地的故事和
情感。

　　地域性叙事不仅是对过去的纪念，更是对地域文化生命力的展现。它作为
一种文化传达策略，有效地连接了历史与现代、本土与全球。通过精心设计的
叙事，地区能够在全球舞台上展现其独特魅力，同时激发居民对本土文化的认
识和保护意识。

第四章

内蒙古
人居环境
建设存在
的问题

第一节

发展现状

在内蒙古自治区的人居环境建设中，国土空间规划、城市建筑、城市景观规划、城乡规划以及草原牧民居住空间环境等方面备受关注。随着城市化进程的推进和经济社会的发展，内蒙古的建设重点不仅仅局限于城市地区，也开始向草原牧区延伸。在传统草原牧民定居点和生态移民定居点两种模式的并存中，人们开始注重如何在保护生态环境的前提下改善牧民的生活条件。建筑设计和景观设计不仅仅能美化环境，更能促进草原牧区的可持续发展，提升牧民的生活品质和幸福感。因此，深入探讨内蒙古人居环境建设的发展现状，对于推动当地经济社会的可持续发展具有重要意义。

一、国土空间规划领域

在内蒙古自治区的国土空间规划中，除了肩负保护草原资源和推动经济发展的双重责任外，人居环境设计也成为考虑的重要因素。生态住宅建设方面，政府鼓励采用生态友好型建材和设计理念，以降低对草原生态系统的负面影响。推广使用可再生能源和节能技术，设计建筑物以最小限度影响草原土地。同样，畜牧人居提高是关键，政策支持包括提高住房条件和提供基础设施，以提高牧民的生活质量。

生态旅游开发作为重点项目也被纳入考虑范围，通过开发生态旅游项目提供就业机会，同时确保对草原生态的最小干扰。城镇化规划方面强调保护草原生态环境，合理规划城镇布局，鼓励建设生态城镇，倡导绿色出行和低碳生活方式。此外，水资源管理至关重要，加强对水资源的管理和保护，确保草原地区的水源供应和生态平衡。

综合而言，内蒙古自治区在国土空间规划中致力于维护草原生态系统的完整性和稳定性，同时注重提升人居环境的质量。这种综合性的平衡考虑了可持续发展的各个方面，以确保草原地区的资源得到合理利用，生态环境得到有效保护，人居环境也能够蓬勃发展。

二、城乡规划

内蒙古自治区在城镇化发展方面取得了显著进展，但也面临一些问题。人居环境设计在解决这些问题中发挥着重要作用。

首先，城镇化质量不高的问题需要更高水平的人居环境设计来解决。通过营造宜居宜业的城市环境，提升城市吸引力和竞争力，吸引更多人口落户。人居环境设计应注重城市规划布局的合理性和功能的多样性，打造具有吸引力的城市形象，提升城市品质和生活品位。

其次，中心城市辐射带动能力不足，需要通过人居环境设计来增强。中心城市是城市群的核心和引领者，其发展水平直接影响着周边地区的发展。优化城市布局，提升中心城市的功能定位和产业竞争力，通过人居环境设计打造宜商宜居的城市环境，吸引更多产业和人口向中心城市集聚。

再次，基础设施和公共服务供给不足，需要通过人居环境设计来改善。人居环境设计应结合城市规划，优化基础设施布局，完善公共服务设施建设，提升城市综合承载能力。例如，合理规划道路交通系统、改善公交系统、提升绿地覆盖率等措施可以改善城市交通状况和环境质量。治理水平亟待提高，人居环境设计可以提升城市治理效率和精细化水平。通过数字化城市管理平台和智慧化治安防控体系，可实现城市管理的科学化、精细化和智能化，提升城市治理水平。

最后，城镇发展特色不鲜明，需要通过人居环境设计来彰显城市的地域文化和历史人文特色。保护传统地域文化要素，挖掘城市的历史文化资源，通过建筑风格、公共艺术装饰等方式打造具有地域特色和历史人文气息的城市风貌，提升城市的文化软实力和吸引力。

综上所述，人居环境设计在内蒙古自治区城镇化发展中扮演着重要角色，可以通过优化城市环境、提升城市品质、增强城市吸引力等方面解决城镇化发

展中的一些突出问题。❶

三、草原牧民居住空间环境

（一）传统草原牧民定居点

　　游牧是中国北方牧区历史上主要的生活方式。随着时间的推移，放牧制度的主体格局经历了显著的转变。传统的游牧方式逐渐演变为定居游牧、定居移场放牧、定居划区轮牧以及定居畜牧等多种形式。牧民世居草原上，继承着祖先的传统文化，过着"逐水草而居，逐水草而牧"的生活，保持着他们特有的生产、生活方式。传统游牧畜牧业模式对保护草原生态环境起到一定的作用，具有朴素的生态思想。牧民定居点与广袤的草原紧密相连，生产、生活方式都对草原的依赖程度很高，居住环境直接影响到草原的生态建设。据《内蒙古自治区志》记载，1956年牧区合作化后，常年逐水草而居的内蒙古地区牧民开始定居。在第二个五年计划期间，国家给牧区无偿投资达1720多万元，其中定居建设投资250万元。到1962年全区定居牧户6.7万多户，占总牧户的79%以上。1958年，内蒙古自治区牧区逐水草而居的蒙古族、鄂温克族、达斡尔族等民族，90%的牧户实现"定居放牧"，开始了草原定居地建设。截止到1992年，内蒙古92%的牧民实现了定居。

　　游牧转变为定居型畜牧业对牧区发展产生了积极影响。定居化提供了稳定的生活和生产环境，同时促使牧民更加关注草原生态环境的保护和可持续利用。此举还有助于提升畜牧业的生产效率，并为牧区的现代化发展创造了条件。然而，定居化也带来了一些挑战，如过度放牧和土地资源的压力增加。因此，在推进定居化进程中，需要充分考虑草原生态环境的可持续性，并采取合理的管理措施，以确保畜牧业的可持续发展。

❶ 内蒙古自治区人民政府办公厅.内蒙古自治区人民政府办公厅关于印发自治区新型城镇化规划(2021—2035年)的通知 [EB/OL].(2021-11-22)[2024-02-04].

（二）生态移民定居点

内蒙古作为我国北方重要的生态屏障，目前牧民们赖以生存的草原正在遭受着不同程度的退化和沙化的威胁。20 世纪江泽民同志对内蒙古自治区进行视察时就指出："内蒙古地区是我国北方的一道天然生态屏障。这里的生态环境如何，不仅关系内蒙古各族群众的生存和发展，也关系华北、东北、西北生态环境的保护和改善，意义和责任都十分重大，一定要搞好。"为保证草原牧区能够持续发展，内蒙古政府在生态恶化严重的地方，开始借助生态移民，恢复草原生态。实施休牧禁牧工程，推广舍饲圈养，以退耕还林还草工程、环京津地区防沙治沙工程为重点的国家重点生态工程遍布内蒙古。草原生态畜牧业也正在慢慢取代传统畜牧业，牧民的生活方式逐渐改变，生活水平也有待提高。随着草原旅游业、商贸业、加工业等产业的发展，牧民对其生产环境、居住环境与社会环境有了更新的要求。

为减轻阴山北麓生态脆弱区人口对生态环境的压力，内蒙古 1998 年开始第一期生态移民工程，项目预计投资 1 亿元，计划移民 1.5 万人。2001 年内蒙古开始大规模的生态移民工程。《实施生态移民和异地扶贫移民试点工程的意见》指出，移民工程应该遵循政策引导、群众自愿的原则，对荒漠化、草原退化和水土流失严重的生态环境脆弱地区实施生态移民。2002—2007 年，内蒙古投资上亿元实施生态移民 65 万人。

内蒙古生态移民的基本思路是：以生态经济学原理为指导，从可持续发展的战略高度兼顾经济实力、经济发展、人民生活、环境保护四个方面，有计划、有步骤地实施生态移民工程。内蒙古生态移民作为一种地方建设战略，是以盟（市）级为基本规划部门，以旗县为承办法人来实施的。目前生态移民主要有以下几种模式：整体搬迁，集中安置；开发人工绿洲安置移民；生态园区型移民和插花移民。内蒙古生态移民战略的实施，使迁出地生态环境得到了休养生息，使部分贫困人口实现了易地择业脱贫，促进了地区产业结构调整，加快了农牧区基础设施建设和城市化进程，对振兴民族地区经济，实现生态、经济、社会协调发展发挥了重要作用。❶

---

❶ 马明. 新时期内蒙古草原牧民居住空间环境建设模式研究 [D]. 西安：西安建筑科技大学，2013.

四、建筑设计

　　随着对生态环境保护意识的提升，内蒙古的建筑设计越来越注重生态友好性。许多项目采用了环保材料和节能技术，以降低对城市生态系统的影响。例如，一些建筑项目在外形样式上多采用木刻楞风格（图4-1），在设计中引入当地本土材料等生态设计元素，以提高建筑的环境适应性和可持续性，这种建筑类型多出现于内蒙古呼伦贝尔地区，与俄罗斯接壤，表现出独特的地域特色（图4-2）。

　　除此以外，内蒙古的建筑设计也在追求舒适的居住空间方面取得了进展。随着经济的发展和人民生活水平的提高，人们对居住环境的舒适度提出了更高的要求。因此，现代内蒙古的建筑设计越来越注重空间布局的合理性和功能性，致力于为居民打造舒适、实用的居住环境。同时，建筑设计中也越来越多地采用了先进的保温、隔热和通风技术，以提高建筑的室内舒适度和能源利用效率。

图4-1　呼伦贝尔地区木刻楞式房屋（图片来源：梁锜提供）

图4-2 扎兰屯地区的一些代表性建筑（依次为活动中心、学校、住宅以及展览馆）
（图片来源：梁锜提供）

在保护传统文化特色方面，内蒙古的建筑设计也在不断探索创新。传统草原牧民的建筑文化和民俗传统为内蒙古当地建筑设计提供了丰富的灵感和资源。现代建筑设计师常常在设计中融入草原牧民的传统元素和手工艺技术，如蒙古包形状的建筑外观、彩绘壁画（图4-3）和传统雕刻图案等，以弘扬当地的文化传统和民族精神。这种融合传统与现代的建筑设计风格，不仅丰富了内蒙古的建筑文化，也为当地居民提供了更具文化特色的居住环境。

图4-3 内蒙古呼伦贝尔扎兰屯市火车站内壁画
（图片来源：梁锜提供）

五、景观设计

在内蒙古的人居环境建设中，景观设计不仅是美化环境的手段，更是融合自然与文化、提升生活品质的重要途径。公园广场的建设是一个城市给人们最直观的印象感受，也是与当地居民生活息息相关的重要组成部分，地域文化的融入与其他无意义的景观小品陈列相比显得尤为可贵（图4-4）。

图4-4　中东铁路历史文化遗迹（图片来源：梁锜提供）

另外值得关注的案例是呼和浩特市东郊的敕勒川草原景区（图4-5）。该景区在生态修复的基础上，充分利用了草原的自然美景和丰富的文化资源。游客可以在这里欣赏到壮美的草原风光，感受到传统草原文化的魅力。同时，景区还提供了现代化的旅游设施和便利的服务，为游客带来舒适的体验。草原明珠景区不仅是一个休闲度假胜地，更是一个融合了自然景观和人文景观的理想场所。

图4-5　敕勒川草原景区（图片来源：作者自摄）

除了以上案例，阿拉善盟的"生态旅游示范村"项目也值得一提（图4-6）。该项目注重了村庄的建设，同时也十分重视了周边生态环境的保护。村庄的规划和建筑设计与周边的自然环境融为一体，为游客提供了一个能够享受大自然美景、感受乡村生活和体验传统文化的理想场所。在这里，游客可以参与农耕体验、品尝当地特色美食，感受到乡村的宁静与美好。同时，生态旅游示范村还通过生态农业、徒步旅行等方式，让游客更加深入地了解和体验自然环境，促进了生态保护与乡村振兴的有机结合。

图4-6　阿拉善盟达来呼布景区（图片来源：作者自摄）

这些案例展示了内蒙古在人居环境建设中景观设计的丰富实践。通过保护自然环境、传承文化遗产，以及提供舒适便利的生活体验，景观设计为人们创造了更美好的居住环境，丰富了城乡居民的精神生活。

第二节

存在的问题

一、迷失在现代化中的内蒙古地域人居文化

蒙古包作为历来伴随游牧生产生活需要而产生的建筑形式，其不仅是草原

游牧民族生活的寄寓居所，更是草原精神文化的历史积淀，蒙古包营造技艺被纳入第二批国家级非物质文化遗产名录，其价值不言而喻。但随着草原游牧经济转向定牧，其传统需求和居住属性正在逐渐减弱，并且随着文旅市场的扩大，涌现出了大量以体验为目的的"类蒙古包建筑"，这类蒙古包以外形、装饰及表象体验为目的，并没有思考蒙古包结构规律的合理化设计，且多数为混凝土等固定建筑结构。

随着时代变化，传统蒙古包在不断发展的同时，正在经历发展方向的抉择。正如爱德华·塞克勒（Eduard F. Sekler）所说："建造方式随时代的进步而不断发生变化，只有对传统进行批判的继承，而且适应时代的变化才能永葆青春活力。"因此，理解蒙古包建筑的文化及营造理念，在传统蒙古包的结构型、环保型建筑特点的基础上，给其融入现代居住需求，使其符合现代住居生活的尝试，不仅可以在文化上满足牧民的情感需求，在物质上也能够达到现代牧区生活的品质要求。在多元化的时代背景下，保持自我存在意识，保持尊重人类智慧的设计行为，是人们面向未来不确定性的最重要的行动，它具有深远意义。❶

二、内蒙古地域景观含义的嬗变

内蒙古地域景观的嬗变是一个历史、文化、经济和社会发展的综合体现。从古至今，内蒙古一直是世人心中的"草原之魂"，而这种印象也随着时代的变迁而不断演变。在传统的草原印象中，内蒙古的景观被蒙古包所定义。蒙古包是游牧民族的象征，它体现了一种与自然和谐共生的生活方式。草原上广袤的天地间，蒙古包点缀其间，给人以朴素、自然、原始的感觉。这些蒙古包代表了草原上游牧民族的传统文化，也是内蒙古地域景观的重要组成部分。然而，随着现代化的步伐不断加快，内蒙古的景观也在发生着翻天覆地的变化。城市化的进程让内蒙古的建筑面貌焕然一新，现代化的建筑群逐渐崛起，高楼大厦、现代化工业园区、宽阔的城市道路成为内蒙古新的地标。特别是内蒙古的首府呼和浩特市，作为内蒙古自治区政治、经济、文化中心，城市化进程尤为明显。

❶ 段磊. 基于草原住居环境下的蒙古包设计研究 [D]. 呼和浩特：内蒙古农业大学，2023.

高楼大厦、繁华商业街区、现代化交通枢纽等现代元素的加入，给呼和浩特赋予了现代化都市的面貌，进而打破了一些人对内蒙古的刻板印象。

与此同时，工业化也为内蒙古的景观带来了全新的面貌。内蒙古的工业园区在草原上崛起，钢铁厂、化工厂、新能源产业基地等工业设施拔地而起，呈现出一幅现代工业化的景象。这些工业设施的建设不仅为内蒙古经济的发展注入了强劲动力，同时也为内蒙古的景观增添了新的元素，展示了内蒙古新时代的风采，许多设计师将工业元素融入公园广场设计中，多以纪念性景观为主，暗红且锈迹斑斑的景观语言给人们不同以往的氛围感受。

除了城市化和工业化，内蒙古的旅游业也在不断蓬勃发展，为内蒙古的景观带来了新的活力。草原上的旅游景点、民族文化村寨、草原演艺（图4-7）等吸引了大量游客前来观光旅游，丰富多彩的文化活动和民俗表演也成为内蒙古景观的一部分。

图4-7 冰雪那达慕（图片来源：梁锜提供）

内蒙古地域景观的嬗变是一个多方面因素共同作用的结果。从传统的草原蒙古包到现代化的建筑和工业设施，再到旅游业的蓬勃发展，内蒙古的景观呈现出丰富多彩、多元发展的特点。这种嬗变不仅展示了内蒙古地区在经济、文化、科技等方面的进步和发展，也向世人展现了内蒙古新时代的活力与魅力。

第三节

地域文化对内蒙古人居环境建设的重要意义

一、增进中华民族主体文化自觉

内蒙古地域文化对居住环境建设的重要性不可低估，它不仅是内蒙古人民的精神家园和文化根基，更是中华民族多元文化的重要组成部分，有助于增进中华民族主体文化自觉，促进文化自信的形成和传承。这种文化自信和主体意识在当今社会文化多样性的背景下尤为重要，它既是内蒙古地域文化的传承，也是中华民族整体文化的表达。

首先，内蒙古地域文化作为中华民族多元文化的重要组成部分，具有丰富的历史底蕴和独特的文化特色。草原文化、蒙古族传统文化等元素构成了内蒙古独特的文化景观，反映了这片土地上人们的生活方式、价值观念和审美情感。在居住环境建设中，将这些地域文化元素融入设计理念和实际建设中，可以使居民更加深刻地认识和理解自己的文化根基，增强对本土文化的认同和自豪感，从而促进中华民族主体文化的自觉和传承。其次，地域文化是内蒙古人民的精神家园，是他们情感共鸣和文化认同的源泉。在居住环境建设中，融入地域文化元素可以使居民更加深刻地感受到自己的文化身份和归属感，增强对家园的情感依恋和热爱，提升生活品质和幸福感。这种精神家园的建构不仅是对地域文化的传承和保护，更是中华民族主体文化的体现和强化。

地域文化是内蒙古居住环境建设的重要资源和灵感源泉。传统的草原文化、蒙古族文化等为居住环境建设提供了丰富的设计元素和创意灵感。在建筑风格、景观布局、公共艺术等方面体现地域文化特色，可以为内蒙古的城市和乡村增添独特的文化氛围和地方特色，丰富居民的文化体验和审美享受。这种文化资源的利用不仅有助于建设宜居宜业的环境，也为中华民族整体文化的传承和创新发展提供了有力支撑。

综上所述，内蒙古地域文化对居住环境建设具有不可替代的重要意义。通过融入地域文化元素，可以增进中华民族主体文化自觉，促进文化自信的形成和传承，实现文化传统与现代生活的和谐共融，为内蒙古地区的社会经济发展和文化繁荣注入新的活力和动力。

二、助力人居环境的可持续发展

在内蒙古人居环境建设中，地域文化的积极作用深远而多维。传统的蒙古包作为草原地区的标志性建筑，展现了其灵活的移动居住方式，不仅能够适应极端气候，还能够减少对特定地区资源的过度利用。这种建筑形式的可移动性，符合当地地理环境和文化传统，为人们提供了在不同季节和地点居住的便利，同时避免了对生态环境的过度压力。传统蒙古包所使用的材料主要来自自然可再生资源，如羊毛和木材，体现了对资源的智慧利用和可持续发展理念。这一传统智慧为现代人居环境建设提供了启示，可以在材料选择上借鉴传统，减少对有限资源的消耗，降低环境负担。此外，内蒙古地域文化中对草原生态的保护和可持续利用观念也是人居环境建设的重要参考。传统的放牧方式和牧民生活方式根植于对草原的深刻理解和对自然资源的谨慎管理，这种观念可以引导现代人居环境建设更注重生态平衡，避免过度开发和环境破坏，实现可持续发展。

内蒙古地域文化在人居环境建设中的作用不仅体现在建筑形式上，更体现在资源利用和可持续发展理念的传承和发扬光大。通过学习和借鉴传统的居住和资源利用方式，现代人居环境可以更好地融入当地文化特色，实现对环境的尊重和可持续发展的双赢。

三、实现人居文化的传承

地域文化不仅仅是一种传统的表征，更是内蒙古独特的历史、地理、民俗和生活方式的综合体现。在人居环境建设中，融入和传承地域文化不仅有助于打造独具特色的居住空间，还能增强居民对自身文化根源的认同感，在内蒙古人居环境建设中扮演着不可或缺的角色。

其一，地域文化在建筑设计中的运用是实现人居文化传承的关键。传统的草原民居等建筑形式不仅因其适应当地气候、资源环境而具有实用性，更因其独特的造型、结构和装饰体现了蒙古族传统生活方式和审美观念。在现代人居环境建设中，可以借鉴这些传统元素，融入现代建筑设计中，既满足现代居住需求，又保留了丰富的文化内涵，实现了人居文化的传承。

其二，地域文化在社区规划和公共空间设计中的融入有助于构建具有社会凝聚力的人居环境。在内蒙古的传统文化中，群体生活、亲情关系和社区共建是重要的价值观。因此，在人居环境建设中，可以注重社区空间的规划，打造集体活动场所、传统节庆广场等，促使居民之间形成紧密的联系，加强社会共同体感。这样的设计不仅实现了地域文化的传承，也有助于形成积极向上的社区文化。

其三，地域文化在居住者生活方式和日常习惯方面的保留对于人居文化传承也至关重要。通过在人居环境中保留传统的生活方式，如草原上的游牧文化、传统手工艺等，可以使居民在现代生活中仍然能够保持对传统文化的认同感。这不仅有助于传承文化的精髓，同时也为居民提供了一种身临其境的文化体验，使人居环境更加丰富多彩。

第五章

基于地域
文化的
内蒙古
人居环境
设计创新

第一节

内蒙古地域文化概述

被世人誉为"天堂草原"的内蒙古自治区，在数十万年前的旧石器时期就已有人类存在，是中华文明的重要组成部分。内蒙古横占中国版图的1/8，地跨东北、华北、西北三个地理大区，是草原、中原与高原的完整综合体，广阔的天地造就了"内蒙古文化"的富集，草原文化与农耕文化的交织，多民族文化的碰撞交融，组成了内蒙古今天的文化色彩，形成了鲜明的地域特色。

一、地域特色的鲜明性

内蒙古自治区的独特之处不仅体现在辽阔无垠的草原风光上，也映衬在悠久的民族文化和独特的经济模式中。在这片土地上，草原、沙漠、湖泊等自然景观与蒙古族、汉族、满族等多民族文化相互交织，共同构建了内蒙古独特的地域特色。

（一）独特的草原经济

草原作为内蒙古的重要经济资源，扮演着支撑当地经济发展的重要角色。内蒙古的牧业是当地的主要产业之一，畜牧业发达，牛羊繁多，草原上广阔的牧场为养殖提供了得天独厚的条件。这里的草原资源丰富，草质肥美，适宜牧草的生长，因此内蒙古成为了中国重要的畜牧业基地之一。同时，草原还为当地的民族文化和旅游业提供了丰富的资源，吸引着众多游客前来观光旅游，推动了当地经济的发展。因此，可以说草原是内蒙古经济发展的重要支柱之一，对当地人民的生活和经济起着举足轻重的作用（图5-1）。

图5-1　内蒙古草原（图片来源：陈施利提供）

（二）优美的自然景观

内蒙古自治区的地理环境多样，拥有着呼伦贝尔大草原、阿拉善沙漠、赤峰乌兰布统等著名景点，形成了独具特色的自然景观。呼伦贝尔大草原被誉为中国的"第二个乌兰布统"，草原辽阔无垠，牛羊成群，天高云淡，呈现出一幅宏伟壮观的草原画卷。而阿拉善沙漠则是中国第四大沙漠，沙丘起伏、线条优美，令人叹为观止。赤峰乌兰布统以其优美的草原风光和独特的地貌景观而蜚声中外，是摄影爱好者和自然风光迷的绝佳选择（图5-2）。

图5-2　赤峰乌兰布统草原（图片来源：陈施利提供）

在我国北疆这片广袤的土地上，鲜明的地域特色随处可见，从辽阔的草原到壮丽的沙漠，再到雄伟的山脉和广阔的湖泊，每一处景观都展现出内蒙古的独特魅力。这种地域特色不仅体现在自然风光上，还体现在丰富的民族文化和传统习俗中。各民族和睦相处，共同创造了内蒙古丰富多彩的文化景观。在这样一个拥有丰富自然资源、多元文化和独特经济特色的地域里，内蒙古自治区展现出了其独特的鲜明性。

二、草原文化的独特性

作为我国北方辽阔之地，以草原和民族文化著称的内蒙古，其草原文化之独特，与此地人民生活紧密相连。人居环境作为草原文化的重要组成部分，不仅反映了草原人民的生活方式，还承载着他们对自然环境的理解和情感。草原文化中包含的建筑风格和游牧生活方式，是在漫长的历史中诞生的独特符号，是内蒙古草原文化无可替代的具象化体现。

游牧文化是草原文化主要的文化特征。蒙古包系游牧部落最小的地方单位，相当于内地农业社会的村落。内蒙古人以牧畜为业者，必逐水草而居。夏日就阴，冬日就阳，迁移无定，因牲畜繁多，需要广阔的牧场，各家住处，多一地一包，在此种现象之下，蒙古包遂变为血缘与地缘合一的社会单位。换言之，此包一面是独居的家族，一面就是一个地方集团。这种在游牧文化背景下的生活方式深刻体现了内蒙古人顺应自然、灵活迁徙的生存智慧（图5-3）。

图5-3 内蒙古草原生态（图片来源：陈施利提供）

蒙古包作为草原文化重要的一个符号体现，其存在亦是游牧民族特有的文化模式，伴随游牧民族走过了漫长的年代。[1]蒙古包采用独特的天幕式设计，这种住所呈圆形尖顶，类似于军营中的帐篷，也类似于内地农家的麦草垛。其名称如"毡幕""毡帐""毡房"或"毡包"等，均源于其外层覆盖的毛毡材质（图5-4）。从汉代的文献记载中，可以窥见蒙古包的前身——"韦番（九足番）氉幕"，它们被用来抵御风雪的侵袭。马可波罗的游记中也描绘了忽必烈大可汗远征狩猎时所居住的宏伟壮观的帐篷。而现代蒙古人居住的毡包有两种形式：一种是在游牧地区广泛使用的转移式毡包，通常由女性负责搭建，以适应游牧生活的迁徙需求；另一种则是在开垦地区定居的固定式毡包，多数由男性建造，以应对定居生活的稳定需求。圆锥形的帐幕设计，既体现了游牧民族对自然的敬畏和适应，也彰显了其原始而独特的文化魅力。而尖顶圆身的帐幕，则是经过时间演进后的一种更为成熟和实用的形式，至今仍被定居的垦牧部落所使用。

图5-4　蒙古包（图片来源：陈施利提供）

草原文化之所以独一无二，是因为其是中华文化的主源之一，是具有浓厚地域特色和民族特征的一种复合性文化，是中华文化极具特色、不可或缺的重要组成部分，是世代生息在草原地区的先民、部落、民族共同创造的一种与草原生态环境相适应的文化。

---

[1] 唐卫青. 蒙古族起源、发展及其游牧文化的变迁研究 [J]. 赤峰学院学报（汉文哲学社会科学版），2009，30（9）：9-12.

三、多元民族的融合性

　　蒙古族、汉族、回族、满族等多个民族在北疆这片土地上和睦相处，形成了独特而丰富的多元民族融合之美。人居环境，作为文化传承的载体，承载着各个民族的历史、生活方式和审美观念。下文将从人居环境的角度出发，深入探讨内蒙古多元民族的融合性，揭示这片土地上不同民族共同生活的独特之处。

（一）多元民族的共居空间

　　丰富的多元民族文化源自其辽阔的土地、丰富的资源以及与众不同的自然景观。在这片土地上创造了多元民族的共居空间，从村庄到城市，再到广袤草原上的牧民营地，无不昭示着多元文化在这片土地上的繁荣和交融。这些地方不仅是人们居住的地方，更是文化交流与融合的热土。在这里，不同民族的建筑风格、居住习惯相互交融，形成了独具特色的文化景观，每一处都是文化交流的见证，都展示着民族之间深厚的情感纽带和共同的历史底蕴。

（二）传统与现代融合的建筑

　　独特的建筑风格既受到传统文化的熏陶，又吸纳了现代元素，呈现出多元的面貌。传统的蒙古包与现代的城市建筑在这片土地上共存。蒙古包，作为蒙古族传统的移动式房屋，在草原上随季节而迁徙，体现了游牧文化的特色。与之相对的是现代化的城市建筑，汉族传统的四合院与回族的清真寺，各民族的建筑风格在城市中交织融合，形成了独特的建筑景观（图5-5）。这种多元建筑的存在不仅展示了

图5-5　呼和浩特大召无量寺（图片来源：作者自摄）

各民族文化的独特之美，更彰显了内蒙古多元民族共同发展的现代化进程。

（三）传统工艺的碰撞

传统工艺成为草原上各民族文化交流的桥梁。传统的蒙古族刺绣、汉族的陶艺、回族的银器制作等工艺传统在这里得到了传承和发展。不同民族的手工艺品在市场上交相辉映，既体现了各自的传统文化，又展示了彼此之间的文化融合。这些传统工艺作品既是生活的必需品，更是多元文化的象征，反映了内蒙古多元民族在文化领域的共生共荣（图5-6）。

图5-6　蒙古族刺绣（图片来源：萨仁满都拉提供）

第二节

人居环境的空间与文化特点

内蒙古地区城镇乡村相互辉映，构成多元人居环境，承载着深厚的历史文化与民族情感。

一、城镇空间

　　内蒙古自治区的城镇街道宽阔，建筑分布相对稀疏，与一般城市的高密度建筑布局形成鲜明对比（图5-7）。这种规划风格不仅使城市更加通风、采光良好，也与草原开阔的景观相呼应，给人以宽广开阔之感。在呼和浩特市，街道宽阔，建筑分布稀疏，加之公园绿地的丰富，使城市充满了生机，给人一种舒适宜人的感觉。

　　城镇中的建筑风格多受蒙古族传统文化的影响。草原民居以木质结构、白色外墙为主，建筑风格简洁、朴实，与自然环境融为一体，展现出了草原人的淳朴与包容。在乌兰察布市集宁区，马头琴音乐厅的建筑外观仿佛一匹矫健奔放的草原骏马，展现出浓郁的草原风情。巴彦淖尔市的一些地区仍然保留着传统的蒙古包建筑，这种传统建筑依然是内蒙古城镇建筑风格的重要组成部分。

　　城镇中浓厚的民俗文化氛围更是内蒙古的灵魂所在。在额济纳旗举办的那达慕大会每年都吸引着来自四面八方的游客前来观赏（图5-8），而呼伦贝尔市的满洲里市则常常可以看到蒙古族传统民俗表演，如马术表演、蒙古族

图5-7　远眺呼和浩特城市景观（图片来源：陶锦程提供）

图5-8　那达慕大会（图片来源：萨仁满都拉提供）

舞蹈等，让人仿佛置身于草原之上。

内蒙古城镇空间与文化独具特色，如草原画卷般璀璨。规划展现草原广袤，建筑传承蒙古人的淳朴，民俗文化增添人情味。这些特色丰富文化内涵，吸引全球游客探寻神秘土地。

二、乡村聚落

内蒙古地区历经数千年的演变，见证了蒙古帝国的辉煌、元朝的统治、清朝的开发，以及现代化的嬗变。这片土地孕育了丰富多彩的游牧文化，培育了勇敢坚忍的蒙古族民族精神，同时也吸纳了汉族、满族、回族等多个民族的文化因子，形成了独特的文化景观和历史风貌。

内蒙古自治区横跨千里，地形、地貌、气候、土质、水文、植被等自然要素在不同地域内有着不同的分布状况，与此同时，不同的民族、宗教信仰、民俗活动等也造就了不同的社会环境，使这一地区居民的日常生产、生活方式存有差异，因此形成了独特且多样的内蒙古文化。

（一）牧区

"聚落"作为人类生产、生活的承载体，植根于当地的自然地理环境和社会文化中，是地理学界以及相关学科领域研究的永恒主题。牧区聚落与中国的城镇、乡村有所不同，牧区是以草原为基础，采用放牧方式进行生产生活的区域，地域辽阔、聚落数量少且多零散分布在草原上，同时生态环境脆弱、经济基础较薄弱。内蒙古拥有我国最大的牧区，其草原聚落与游牧文化承载着丰富的历史与地域特色。这片地域辽阔，生态脆弱，经济发展相对落后，但同时也因其独特的自然环境和文化传统而备受关注。

内蒙古牧区地域辽阔，草原广袤，山川起伏。这里的聚落与游牧文化历史悠久，承载着丰富的民族文化与传统。锡林郭勒牧区作为内蒙古草原的主体部分，保留了完整纯正的草原聚落与典型的牧区特征（图5-9）。这里既是国家重要的畜产品基地，又是西部大开发的前沿，是距京津唐地区最近的草原牧区。在特殊的自然生态环境影响下，这些聚落形成了独特的空间格局与发展模式。草原聚落的发展受到多重因素的影响，包括自然环境、经济条件、文化传统等。锡林郭勒牧区的聚落规模结构、空间格局及发展演变具有鲜明的地域特点。在长期的游牧文化影响下，这些聚落形成了独特的社会组织形式与生活方式。❶

图5-9　锡林郭勒牧区（图片来源：萨仁满都拉提供）

---

❶ 甄江红,张云峰.内蒙古牧区聚落格局演变及其影响因素分析——以锡林格勒为例[J].水土保持研究,
2023,30(2):403-412.

　　然而，内蒙古牧区也面临着诸多挑战。生态环境的脆弱性使草原聚落发展面临着一定的限制。经济落后、基础设施不完善也制约了这些地区的发展。因此，如何优化调控聚落发展、保护生态环境、促进经济发展成为了当前亟待解决的问题。

（二）传统村落

　　中国的传统城市和乡村常常与周围的地理环境和自然特征深度融合，展现出和谐共生的特质。内蒙古的传统村落则在持续发展中保持着独有的特征，其核心理念可概括为"天地人草畜"。这里的"天、地、人"构成了一种三维坐标，连接着外在客观世界和内在主观体验，"草、畜"则是典型草原地区生态环境的重要组成部分，这使典型的草原村落在实践中国传统风景理念的同时，也融合了草原特有的风貌。

　　内蒙古传统村落通常位于地势平坦、土壤肥沃之处，再加上黄河的天然灌溉，使这些地区非常适宜农业种植，被视为我国重要的农业种植区和商品粮基地。历史上，在这些传统村落发生过5次著名的人口迁徙事件"走西口"。明末清初，大量的山西人、陕西人、河北人因生活压力而迁徙到这里定居。这些移民的到来为当地注入了新的劳动力和生产技术，促进了农业、手工业等传统产业的发展。随着人口的增加和经济活动的繁荣，当地的居住环境也发生了显著变化。新的村落和市镇逐渐兴起，住房、交通、市场等基础设施得到了建设和完善。"走西口"还打通了中原地区与草原地区之间的经济和文化联系。随着贸易路线的开辟和商旅往来的频繁，不同地区的商品、技术和文化在这一地带交汇融合，形成了独特的地域文化特色。

　　农业型聚落通常以密集的居住模式为特征，建筑群紧凑布局，这样做是为了在周边留出广阔的土地用于耕作。由于农业生产依赖大量劳动力，而牧业则可能由少数人管理大量牲畜，因此农业型聚落往往规模较大，人口密集度较高，这直接影响了居住空间的规模和数量。地形条件对农业型聚落的空间布局有着决定性的影响。在平原地区，由于地势平坦开阔，聚落往往呈现组团型布局，建筑群以集群的形式分布在肥沃的土地上，便于居民进行农业生产活动。而在多山的地区，聚落的建筑则顺应地形，沿着等高线展开，形成条带型布局，以适应起伏的地势和有限的可耕种土地。在农业型聚落中，建筑的布局往往需要克服地形的挑战，利用有限的空间进行巧妙的设计，以实现居住与耕作的平衡。这种布局既体现了对自然环境的尊重，也展现了人类适应和利用自然的智慧。

传统村落，是历史传承最好的见证。由于内蒙古多元文化的融合性，这些历史的见证除了传统的蒙古包延续下来，汉族传统建筑风格也在内蒙古的一些地方得以保留。汉式四合院是一种传统的封闭式建筑结构，通常由四面围合而成，中间有天井（图5-10）。这种结构能够提供私密性，同时也适应汉族居住的需要。在现如今内蒙古一些村庄，依旧可以看到汉式四合院作为当地人居住的主要建筑形式。

图5-10　土默川平原上的合院式建筑（图片来源：作者自摄）

第三节

设计目标

一、传统与现代融合——自组织与他组织适应发展

在内蒙古的广袤草原上，人们的生活与自然环境息息相关，其人居环境设

计呈现出了独特的适应性发展特点。这片土地上的居民，既懂得依靠自身智慧与环境相融，形成自组织的生活方式，又受到外部力量的引导和影响，融入了他组织的设计理念与技术支持。这种自组织与他组织的交融，为内蒙古的人居环境带来了独特的魅力与活力。

自组织是指在自然条件和个体行为的作用下，群体自发形成、自主发展的组织形式。在内蒙古的人居环境设计中，自组织体现在牧民们根据自身需求和环境条件，自行搭建、布局居所的过程中。在草原上，牧民们根据季节和气候变化，灵活地调整蒙古包的位置和布局，以保证舒适的居住环境。这种自组织的特点体现了牧民们对自然的敬畏和对生活的智慧，使他们能够与环境和谐共生。

他组织是指外部力量对群体行为和组织形式的影响和干预。在内蒙古的人居环境设计中，他组织体现在政府、设计师和其他相关机构的规划、建设和管理中。在城镇化进程中，政府会制定相应的城市规划和建设方案，引导内蒙古的人居环境向现代化、智能化方向发展。通过科学技术手段，为牧民们设计出更加舒适、便利的居住环境，改进蒙古包的材料和结构，增加采光通风设施等。这种他组织的特点，使内蒙古的人居环境设计更加符合现代化和可持续发展的要求，为牧民们提供了更好的生活条件（图5-11）。

图5-11　改良式蒙古包（图片来源：作者自摄）

在他组织方面，政府提供了相应的搬迁补贴和基础设施建设，如道路、供水、供电等，为牧民们的生活提供了保障。为新建的生态移民村进行了规划和设计，注重了生态环境保护和可持续发展的原则，使村庄更加宜居和宜业。

二、保护与创新并重——遗产继承与发展的应用

　　扎根于内蒙古土地上的人居环境设计不仅是一种生活方式，更是对传统遗产的呵护与传承。蒙古包、草原、马背上的狩猎，都是这片土地上历史与文化的见证者。而今，内蒙古的人居环境设计已经超越了单纯的生存需要，融合了科学保护观念，致力于遗产的继承与发展。这不仅是一种设计理念，更是对历史、文化和自然的敬畏与热爱的体现。

　　传统的土木结构建筑——敖包，作为珍贵的历史遗产，被视为文化瑰宝，应用于现代人居环境中。在保护这一传统的基础上，设计者们精心改良了敖包的材料，加强了其结构稳定性，使其在适应现代生活需求的同时，延续了蒙古族的历史传统。这种遗产保护观念的融入，使内蒙古的人居环境不仅是时光的见证者，更是历史传承的生动体现（图5-12）。

图5-12　敖包（图片来源：作者自摄）

　　与保护遗产相辅相成的是科学发展。内蒙古的人居环境设计注重科技创新和可持续发展。例如，在城市建设中，内蒙古充分利用现代科技手段，建造智能化、绿色环保的建筑，提高能源利用率，减少对自然资源的消耗。同时，在乡村振兴过程中，政府支持农村居民建设现代化的生活设施，如水电供应系统、通信网络等，改善了农村人居环境，促进了乡村经济的发展。

　　内蒙古的人居环境设计体现了科学保护观念，注重遗产的继承与发展。在保护传统文化遗产的同时，内蒙古也在积极探索科技创新和可持续发展的道路，努力实现经济、社会和环境的协调发展。这种综合性的保护与发展理念，为内蒙古的人居环境带来了新的活力与魅力。

三、环境与文化融合——不确性与稳定性的平衡

随着内蒙古的城市迈入新时代，经济结构的巨变和城市化进程的飞速推进，呼和浩特市作为这一历史变革的中心舞台，正经历着翻天覆地的转变。从传统的草原农牧区到现代化的城市中心，这个曾经以畜牧业和农业为生的地区，正在经历着前所未有的经济、社会和文化变革。而在这场转型的浪潮中，人们的生活方式和人居环境设计也在悄然发生着深刻的变化。

呼和浩特市及其周边地区，曾经是内蒙古自治区以传统农业为主的区域之一。在过去，这一地区以草原农牧业为主导经济活动，居民主要依赖畜牧业和农业为生。然而，随着时代的发展和经济的转型，呼和浩特市逐渐经历了工业化和城市化的冲击。这座城市成为内蒙古自治区的政治、文化和经济中心，工业化的推动使传统的农业经济逐渐演变为多元化的产业结构。城市化的进程导致了人口的集聚和土地利用的变化，传统的农业区域逐渐被城市基础设施和工业用地所取代。

此外，当地的工业化主要集中在制造业、建筑业和服务业等领域。新兴的城市经济体系吸引了大量外来务工人员，进一步加速了城市化的进程。这一转变对人居环境、社会结构和文化传承提出了新的挑战，需要在发展的同时保护和传承传统的文化特色。

在面对经济的波动不确定性时，呼和浩特市以其深厚的历史底蕴和对传统文化的珍视展现出独特的韵味。城市人居环境的设计巧妙地巩固在对传统文化的保护与传承之上。蒙古包作为象征性的建筑得到精心修缮，古老的城墙和寺庙得到细致的保护，这一切构成了呼和浩特市独特的城市风貌（图5-13）。

图5-13　呼和浩特城市风貌1（图片来源：作者自摄）

在城市发展的过程中，呼和浩特市的居民们投入了大量的心血，努力保留历史的印记。这种对传统文化的执着不仅为当地居民提供了一种深厚的文化认同感和稳定感，同时也吸引着来自四面八方的游客涌入，将呼和浩特市打造成为一座备受追捧的文化遗产旅游胜地。呼和浩特市在现代化发展的同时，巧妙地将传统文化元素融入城市规划和建设，呈现出一幅融合过去与现代的和谐画卷（图5-14）。

图5-14　呼和浩特城市风貌2（图片来源：作者自摄）

在这个时代的交汇点上，呼和浩特市以其独特的历史底蕴和对传统文化的珍视，将传统与现代相融合，呈现出了一幅独具魅力的城市画卷。从保护传统的蒙古包到修缮古老的城墙和寺庙，呼和浩特市的居民们展现了对文化传承的执着和对城市未来的信心。这座城市正以其独特的韵味和深厚的文化底蕴，吸引着世界的目光，成为内蒙古不可忽视的文化遗产和现代化典范（图5-15）。

图5-15　呼和浩特城市风貌3（图片来源：作者自摄）

第四节

设计策略

内蒙古的人居环境设计策略应该充分尊重自然地貌特征，以可持续发展为导向。在面对地形地貌的挑战时，需要采取能动适应的态度，通过适度的地形改造和人工调整，营造出既能满足居民生活需求又能保护原生生态的人工空间。这需要综合考虑交通、功能组织等方面的需求，同时注重空间形态的优化与功能关系的协调。内蒙古的人居环境设计策略不仅需要充分尊重自然地貌，还应深刻体现其丰富的文化历史。通过保护和传承草原文化、蒙古包传统建筑等独特元素，使设计在功能性与文化认同之间达到均衡。

一、地域文脉与人文关怀的融入

首先，了解内蒙古的地域文脉需要从其自然环境开始。内蒙古拥有丰富的草原资源，广袤的大草原是蒙古族等少数民族的家园，也是牧民们放牧的天堂。因此，保护草原生态环境成为了当地人民共同关注的焦点之一。其次，内蒙古地区的人文底蕴十分丰富。蒙古文化、汉文化、藏文化等多种文化在这里交融共生，形成了多元而独特的文化景观。尊重、保护和传承当地的传统文化，是对这片土地最深沉的人文关怀（图5-16）。

内蒙古地区也面临着一些环境问题，如草原退化、沙漠化等。这就需要政府、社会组织以及个人都积极参与到关心

图5-16 多元文化景观（图片来源：作者自绘）

人居环境的行动中来。通过科学的环境保护和生态恢复，可以改善当地居民的生活环境，保障其健康和幸福。关注人居环境、保护自然资源、传承文化传统，是对内蒙古地域文脉最好的诠释和延续。

人文关怀还能够促进不同民族和社区之间的交流与融合。内蒙古是多民族共存的地方，不同民族之间存在着丰富的文化交流空间。通过人文关怀，我们可以更好地理解、尊重和包容不同文化，促进各民族之间的和谐共处。

最重要的是，人文关怀有助于塑造积极向上的社会氛围。通过对人们需求、情感的关注，可以建立更加和谐的社会环境。关怀不仅仅是对物质的支持，更是对精神层面的关怀，使人们在发展的同时保持对传统价值的敬畏和对他人的关爱。

城市生态人居环境设计应该以人为本，满足现代人的审美需求，从人的需求出发，从人的行为、生活方式、文化品位入手。在现代城市环境日益和谐的大背景下，传播优质的人文思想已成为知识经济时代社会的发展大趋势，我们应充分认识和确定人的主体地位和人与环境、人与信息的双向互动关系。在设计过程中，要把人文艺术思想的宗旨、理念和风尚具体体现，并贯穿落实在当代城市生态人居环境中，切实贯彻以人为本的设计原则。❶

二、历史记忆与现代生活的和谐

居住，是人类生存的基本需要之一。特别在今天，它已是影响国家社会经济能否持续、快速、健康发展的重要因素，是衡量"小康"社会的重要标志。人居环境的建设一直和国家体制、经济发展、技术进步、意识形态等方面直接相关（图5-17）。

中国悠久的文化传统是令全世界羡慕的宝藏。如何在现代化的进程中保护和继承传统文化是各国都不能忽视的难题。从宝贵的建筑遗产中寻找出许多特有的符号固然是十分有用的标记、印记。然而，传统文化毕竟不能简单地在设计完成后贴附在建筑上。特别是对于自古至今和每一个人、每一个家庭都相依相存的居住环境而言，有许多生活、许多感情难以割舍。传统文化应是渗透

❶ 张逸. 基于韧性城市的人居环境设计策略研究 [J]. 设计,2019,32(20)：129-131.

```
                                    ┌──────────────────┐
                                    │  历史建筑与遗址保护  │
                   ┌──────────────┐ ├──────────────────┤
                   │  历史记忆的挖掘  │─┤  文化传统与民俗活动  │
                   └──────────────┘ ├──────────────────┤
                                    │  历史文献与口述历史  │
                                    └──────────────────┘

                                    ┌──────────────────┐
                                    │     居住舒适性      │
    ┌──────────┐   ┌──────────────┐ ├──────────────────┤
    │ 人居环境设计 │───│  现代生活的需求  │─┤     公共服务设施    │
    └──────────┘   └──────────────┘ ├──────────────────┤
                                    │     现代科技应用    │
                                    └──────────────────┘

                                    ┌──────────────────┐
                                    │  空间布局与流线设计  │
                   ┌──────────────┐ ├──────────────────┤
                   │  融合策略的制定  │─┤  建筑风格与材料选择  │
                   └──────────────┘ ├──────────────────┤
                                    │  文化元素的现代诠释  │
                                    └──────────────────┘
```

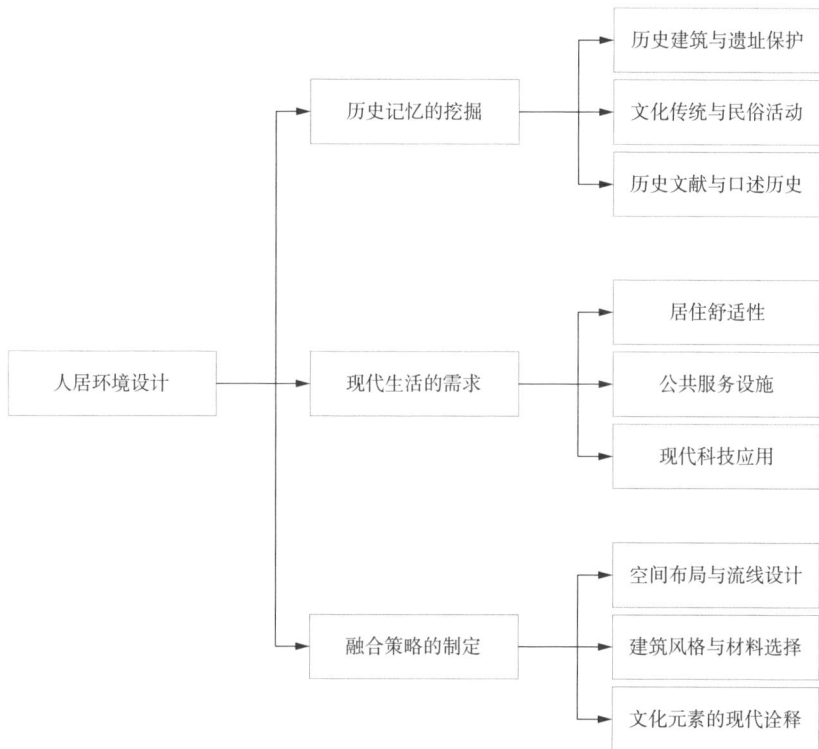

图5-17　设计策略1（图片来源：作者自绘）

于作品之中的能唤起深深的民族感情的因素，对于大量建设的符合国情、民情的居住环境，这应该不是太宝贵的装饰品，而是很费心思却不太费钱的无价之宝。[1]

　　从内蒙古鄂尔多斯市向西北行车两个多小时，有一片广袤的沙漠横卧在黄河弯曲的"几"字之内，这便是位于河套平原的中国第七大沙漠——库布齐（图5-18）。漫长的地质演化使其成因无法准确考证，然而可以肯定的是，这片沉静的沙海在千百年前也曾水草丰美、牛羊成群。《诗经》有云："天子命我，城彼朔方。赫赫南仲，猃狁于襄。"[2]这里提及的所建之城即指库布齐，其曾是草原时的朔方古城，也是自西周时起，为抗击北方游牧民族的南下，黄河天堑边的沃土便成了兵家必争之地。时移世易，数千年干冷多风的气候和历朝历代无休止的垦牧与战火，终究在明末清初之际将有着"黄河百害，唯富一套"之美誉的繁华盛景埋葬在滚滚黄沙之下。而那辽阔的朔方之地，除了位于今日内

---

❶ 黄汇. 迎着时代前进——94 人居环境学术研讨会的启发 [J]. 建筑学报,1995(4) :6-9.

❷ 邵炳军. 诗经文献选读 [M]. 桂林:广西师范大学出版社,2010.

图5-18 库布齐沙漠（图片来源：肖南提供）

蒙古与陕西交界处的统万城还遗存有基本的城市格局，其余留下的不过寥寥无几的断壁颓垣、沙堡残迹。

　　鄂尔多斯市库布齐沙漠西贝铁军沙漠培训基地被隐蔽地布局在原铁军基地的南侧沙谷中，建筑北侧沙丘横亘，仅于西北角劈出一口，引一条沙路绕通，形成四面皆是一望无际的沙漠景观（图5-19）。至此，建筑被赋予了薛定谔式的双重解读：它是可视的，又是不可视的，其存在形式是客观的，然而除非深入其中，否则一切都不是确定的。在这个融入宏观的过程中，总体布局以"鸿雁展翅之势"和"人字成行"为灵感，通过各种原型与类型模板将沙屋十一间构成集群，把接待大厅和客房等使用单元按功能和空间的不同，转换为生动多变并呼应有序的小体块。视觉上，这些隐布的体块与起伏的沙漠互动，以内街的形式展开了外与内的空间布局。

图5-19 库布齐沙漠西贝铁军沙漠培训基地（图片来源：萨仁满都拉提供）

　　城市居住区环境形式演变的根本原因在于人类生活方式的变迁。随着新时代中国城市居民生活方式的改变、"以人为本"思想的回归，中国城市居住区环境设计理念必然向前发展，即从对人们生理需求、物质需求的满足到对心理需求、精神需求的满足，从侧重于物质形态的建设到对社会全面发展的重视，从关注城市居住区微观人居环境到关注全球宏观人居环境。

三、借鉴传统生态智慧

　　土地与自然资源都是人居环境中需要考虑的重要因素，自然的土、水、石、植被等这些要素对空间形态的布局氛围及尺度产生影响。[1]土地是指地球表层的自然属性和生物物理属性，而土地利用则指土地的使用状况或土地的社会、经济属性。对自然肌理做好调配，能使设计更具地域色彩的同时，也更能被环境所包容（图5-20）。

　　由张鹏举教授负责设计的内蒙古罕山生态馆和游客中心（图5-21），在土地与自然肌理的运用上，以非常巧妙的方式赋予了设计物独特的生命力。罕山是大兴安岭向南延伸至内蒙古通辽市境内的余脉，地处寒冷的北方，为了应对寒冷，建筑选址至关重要。经过综合比较，张鹏举教授及其团队选择了林场管理用房北侧微树林背后的山坡作为建筑基地。这片山坡相对较小，分为前后两部分，呈现出适度的坡度。建筑体量根据功能分置在山坡上，利用地形错位靠埋的方式进行布局。考虑到寒冷气候，建筑尽可能紧靠多埋，以减少外墙面积，有效应对北风。建筑形态采用向上收缩的退台状，并自然朝向阳光，与山体走向呈等高曲线，使建筑与自然融合。生态馆独立设置在相对较小的山坡上，而游客中心和定位监测站则位于较大的山坡上，以满足不同功能需求。此外，建筑形态关联在地材料，则让建筑在灵动中厚重，呈自然、淳朴的表情。无疑，这些关联是一种直接、自然的生成，且是在一种平实的基础上进行的。最终，设计希望建筑能够借助于这种平实的逻辑生成而达到有机地生长于环境中的目的。

---

[1] 王健. 城市居住区环境整体设计研究——规划·景观·建筑 [D]. 北京:北京林业大学,2008.

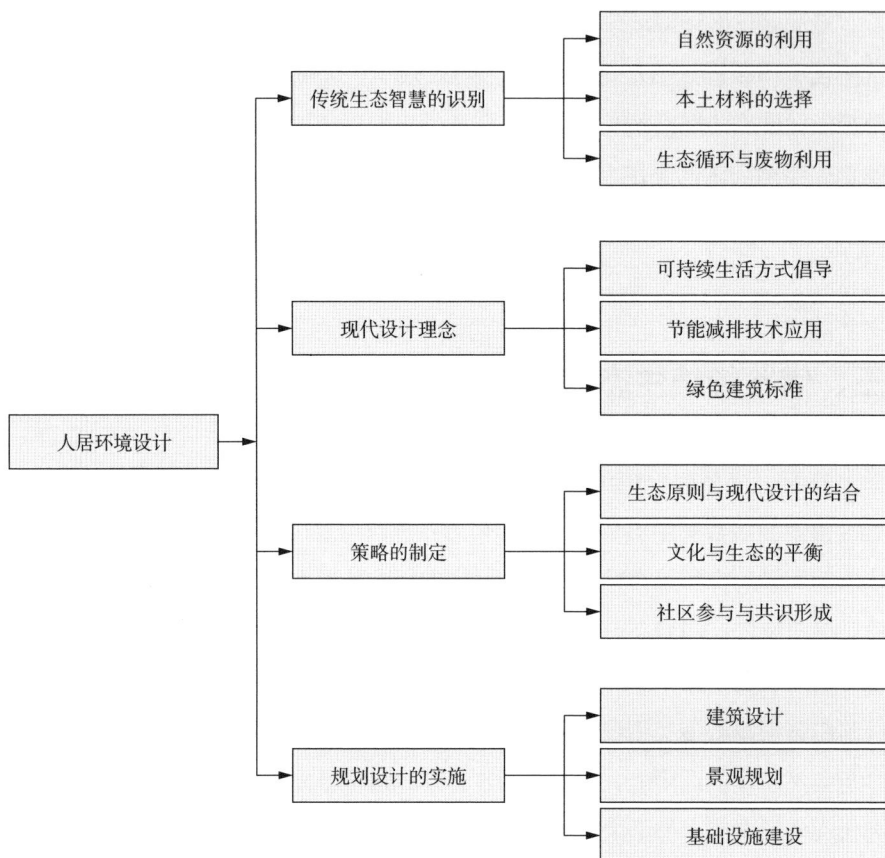

图5-20　设计策略2（图片来源：作者自绘）

图5-21　内蒙古罕山生态馆与游客中心（图片来源：作者自摄）

通过人居环境设计与土地利用的有机结合，可以实现内蒙古土地资源的最大化利用和可持续发展。在保护生态环境的前提下，合理规划土地利用，充分考虑土地的自然属性和人类需求，不仅能够提高当地居民的生活质量，还能够促进农牧业的发展，推动经济的繁荣。通过科学规划和有效管理，亦可以实现人与自然的和谐共生，共同营造一个宜居、宜业、宜游的美好环境。

第五节

设计方法

一、与历史原型呼应

在内蒙古这片广袤而多变的土地上，需要面对的不仅是一片片壮丽的自然景观，更是一次次挑战与机遇的结合。正如昭君博物馆的建造所展现的那样，设计者们深刻理解并尊重了这片土地的自然与历史，将地域文化与现代设计巧妙融合，创造出了与历史原型呼应的建筑杰作。

（一）历史文化符号

内蒙古作为一个兼收并蓄的地区，对于历史文化符号的展示更为异彩纷呈。传统的"三瓦两房"建筑形式体现出文化符号中的对外象征性符号，其中"三瓦"指的是蒙古族传统建筑的屋顶形式，而"两房"代表两侧的房间。这一设计不仅在形式上突显了蒙古族的特有标志，更通过建筑结构的布局传达了家庭和社群的重要性。这种象征性符号的运用使建筑本身成为文化的象征，向外传递着内蒙古人民深厚的家族和社群观念。

草原文化在内蒙古人居环境设计中是最主要的文化内涵。组成草原文化的一个重要符号就是蒙古包。蒙古包的圆顶形状代表着蒙古族人对自然的尊敬和与环境和谐共生的理念。这种抽象形式不仅实用，更蕴含了草原民族对自然、家庭和社群的深厚情感。蒙古包的设计体现了蒙古人对生活的理解，是一种独特的生态建筑，与大自然相融合，呼应了草原的生态文化。

成吉思汗陵是一座具有浓郁蒙古族特色的宫殿，屹立于鄂尔多斯高原上，整体建筑风格有很好的延展性，环环相扣。成吉思汗陵三殿均采用蒙古包式穹顶的圆顶结构形式，以黄色琉璃瓦为基色，再用蓝色琉璃瓦砌成云纹图案作为装饰。圆顶之下，正殿采用重檐蒙古包式穹庐顶，平面呈八角形，东西殿采用单檐蒙古包式穹庐顶，平面为不等边形，三殿房檐均为蓝色琉璃瓦装饰。建筑下部以白色为墙面色彩，并配以朱红色的大门和宽大的窗棂。整个呈陵飞檐高耸、翘角凌空，犹如展翅欲飞的雄鹰，配以殿前的汉白玉雕栏、沉稳的白色花岗基座，充分体现了建筑的贵气、雄伟和霸气（图5-22）。

图5-22　成吉思汗陵景区1（图片来源：作者自摄）

成吉思汗陵从入口处开始便将蒙古包建筑装饰艺术内容应用其中，尤其是中殿的设计，从外形到装饰，从图案到颜色，无一不体现蒙古族建筑的装饰效果，它的存在向世界证明了民族的传统和现代的技术完全融合的完美之处（图5-23）。❶

内蒙古独特的地理位置和历史孕育多彩的文化符号。这些符号是内蒙古文化形象的体现，传承着地域特征和价值观念。草原、长城、马头琴、蒙古包，每种符号都载有动人故事和传说。它们连接过去与未来，促进文化交流与融合。

---

❶ 韩佳. 蒙古包建筑装饰艺术在现代建筑设计中的应用研究 [D]. 北京：北京林业大学,2012.

图5-23　成吉思汗陵景区2（图片来源：作者自摄）

（二）历史文化的现代演绎

在规划和设计过程中，必须深入挖掘内蒙古的历史文化内涵，将传统元素与现代设计理念相结合，形成一种跨越时空的对话，让历史在现代生活中焕发新生。昭君博物馆的设计（图5-24），正是在深刻洞察内蒙古地区特有的地形

图5-24　内蒙古昭君博物馆（图片来源：作者自摄）

条件基础上，以一种谦逊而智慧的姿态，与周围的自然环境和谐共生。

建筑整体通过下沉一层的方式降低了高度，使覆斗状倾斜的外墙与场地铺装上的混凝土挂板形成连续的表皮，由草植和仿夯土材料交织而成，建构出起伏不定的微观地形，实现了建筑与大地景观的有机融合。在空间规划上，昭君博物馆利用漏斗形下沉广场的设计，不仅在视觉上引导游客进入博物馆，更通过高低起伏的地形变化，创造出一种独特的情境体验。游客在穿行过程中，能够亲身感受到历史遗迹的神秘与魅力，这种设计与内蒙古地区多变的地形条件相呼应，展现了设计与自然地形的和谐共生。博物馆内部的功能规划同样体现了对地域文化的深刻理解和尊重。东侧昭君生平展厅以圆形中庭和曲线坡道营造出柔美的空间气质，而西侧匈奴历史展厅则以矩形中庭和夯土内墙强调硬朗凝重的空间主题。室内公共空间采用"室景"的设计概念，日光下的连续坡道明确了参观流线和导向，让人在空间中获得不同的"景象"，恰如中国园林的步移景异。

通过合理运用与历史原型呼应的设计手法，内蒙古的人居环境设计能够在保护和传承历史的同时，实现与现代生活的融合，创造出既具有地域特色又符合现代需求的生活环境，实现历史与现代、自然与人文、传统与创新的完美融合。

二、尊重地域自然地理特征

随着时间的推移，地域自然地理特征与文化相互作用，形成了独特的地域文化景观。这些景观不仅包括自然风光，还包括由人类活动所创造的文化景观，如农田、村落、城市和历史遗迹等。这些文化景观记录了人类与自然和谐共处的历史，也反映了人类对自然环境的理解和尊重。作为人居环境设计的重要构成，历经千百年自然选择和聚居营建演化形成的人文景观，是以自然环境为基础、人文因素为主导的，由自然环境、物质要素和非物质文化要素共同组成的和谐的人居环境复合体，具有"天人合一"的哲学理念。❶

由于地理位置、地形、地貌、水土、气候、植被、经济水平和地域文化等

---

❶ 王云才. 乡村景观旅游规划设计的理论与实践 [M]. 北京:科学出版社,2004.

的不同，我国地域人居景观呈现出不同的风貌特征和文化个性。❶立足于北疆的地域景观与绿地规划，应该注重尊重自然，将地域文化与自然景观融为一体。在城市环境中，景观设计旨在恢复和塑造自然景观，而不违背自然规律，充分利用自然优势，使景观与环境相协调。初衷是将景观与城市相融合，更重要的是将城市融入自然。因此，景观设计不是要颠覆自然，而是要在自然环境中进行点缀和联系。以伊敏河滨水公园为例去看这一点（图5-25），伊敏河纵贯内蒙古呼伦贝尔草原地带，对当地人来说是非常重要的自然符号，而后却因不当建设遭到破坏。在此基础上，伊敏河公园的设计通过对自然河道的恢复、滩地空间的重塑，以及沿河休闲与旅游功能的建立，为伊敏河构建了一个融合自然生态、城市休闲、文化旅游等元素的综合价值体系，打造了一个韧性的城市生态河道。经过设计后的伊敏河成为独特的城市大型草原滨河公园，也成为内蒙古草原城市河道滨水建设的标志。

在人居环境建设中，尊重地域自然地理特征是设计的核心原则。人类在自然面前是谦卑的，自然界的美景无须人为的雕琢，它本身就拥有无与伦比的美丽。优秀的景观与绿地规划，不是对自然的彻底改造，而是在尊重自然的基础上进行巧妙的点缀和连接。

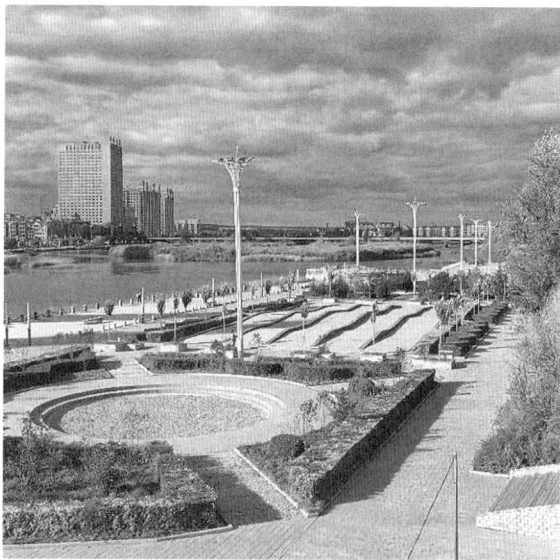

图5-25　伊敏河滨水公园（图片来源：梁锜提供）

三、以人为本的人文空间与尺度把握

从人文空间的角度来看，文化的全球化是指不同地域和民族之间的文化形

❶ 王敏,石乔莎.基于传统地域乡村聚落景观的城市绿地系统规划——以贵州松桃苗族自治县为例 [J].风景园林,2013(4):91-97.

式相互交流、影响和融合的过程。

（一）地域文化转译

在当今全球化的时代，地域文化转译成为一个备受关注的话题。这一现象不仅涉及语言的翻译，更深刻地涵盖了文化、价值观、习俗等多个层面。我们目睹着传统文化在全球化的语境下焕发新生。地域文化的转译不再是简单地将传统元素移植到现代语境中，而是变成了一场文化创新的探索。这种创新不仅体现在艺术和设计上，更贯穿于生活的方方面面，塑造了一种融合传统根基和现代精神的独特文化形态。在这个多元共生的时代，地域文化转译不再仅仅是传统与现代的碰撞，更是一场创新与包容的文化盛宴。

（二）文化的认同与包容性

文化符号的使用需要避免误解或歧视。在选择图案和元素时应当充分了解其文化含义，避免将特定的符号用于不适当的场合，以免造成文化混淆或误导。注重尊重和理解蒙古族的文化传统，将其转译为能够被更广泛接受的形式。强调包容性也是关键，需要考虑到不同文化背景的人们对蒙古包等文化的理解和接受程度。通过巧妙的设计手法，使这些传统元素不仅仅局限于特定群体，而能够在全球范围内引起共鸣。这有助于形成一个更广泛的文化共同体，促进不同文化之间的交流和理解。

（三）数字化时代与地域文化转译的新途径

随着数字化技术的蓬勃发展，内蒙古的地域文化在虚拟空间中迎来了崭新的表达途径。社交媒体和在线平台的普及使内蒙古的文化元素能够跨越地域限制，以前所未有的速度和广度在全球范围内传播，焕发出新的活力。其中，多媒体形式如图片、视频等生动展示了内蒙古的草原风光、马头琴的悠扬旋律以及蒙古袍的独特魅力，这些元素共同激发了全球观众对内蒙古文化的浓厚兴趣。而虚拟空间则为内蒙古文化活动提供新的平台，通过在线活动、直播等多种形式，内蒙古的传统节庆、民俗活动得以向全球展示。这不仅促进文化传承，也加深文化融合。

　　地域文化的觉醒在推动世界文化从同质化向多样化转变中扮演着越来越重要的角色。这种觉醒激发了人们对本土文化的热爱和自我认同，推动了地方文化的复兴和传承。人居环境设计首先要注重的就是尊重使用者的感受，即内蒙古区域的人民，使人民对自己扎根的土地有浓厚的归属感，也就是尊重文化。只有找寻到时代发展与文化空间同步的平衡，才能找到内蒙古人居环境设计的落脚点。

（四）景观叙事空间

　　在内蒙古这片充满传奇色彩的土地上，人居环境设计与景观叙事空间构建的实践，不仅是对地域文化的传承，更是对历史与现代对话的探索。借鉴M.H.艾布拉姆斯（M.H.Abrams）的文学活动四要素理论，在构建景观叙事空间时，将实体世界、设计师、景观作品和公众紧密联系在一起，创造出一个个引人入胜的故事性空间。

　　在进行白云鄂博矿山公园中景观叙事空间的设计时（图5-26），面临着将一片废弃的棕地转化为生机勃勃的公共游园的挑战。从城市规划的视角出发，

图5-26　白云鄂博矿山公园（图片来源：魏宇杰提供）

将这片场地视为白云鄂博市"绿色轴线"的重要组成部分。在场地的中心高点，规划了一个具有雕塑感的纪念广场，其设计灵感源于工业的刚毅与力量。广场上的三菱锥结构，以其简洁而有力的线条，与周围自然山石的圆润形态形成鲜明对比，增添了场地的趣味性和视觉冲击力。在场地的自然地形中，巧妙地保留了原有的山石，并在其上凿刻古岩画，以此强化场地的自然之美和历史神秘感。这种设计不仅满足了人们探索自然、体验历史的渴望，也体现了对场地原有工业精神的尊重和传承。

设计者在这一过程中，既是空间故事的编织者，也是首位体验者。他们以物质空间为背景，巧妙运用设计手法，将城市的历史文脉和文化内涵转化为引人入胜的故事性空间。这些空间作品随后向公众展开，邀请每一位参观者根据自己的理解和经验，对这种空间叙事进行个性化的解读，进而获得独特的情感体验和个人感悟。通过这种双向互动的叙事构建，城市公共空间不仅能够传承和展现地域文化，还能够激发参观者的想象力和参与感，实现空间设计与人文体验的和谐共鸣。

四、融合民族建筑风格

广义上的地域主义，或者说建筑的地域性表达，最早可以追溯到18世纪下半叶英国的风景画造园运动。而现代地域主义最早活跃于20世纪初的美国和北欧。❶在内蒙古地区，融合民族建筑风格的设计方法是一种将传统元素与现代设计理念相结合，创造出既具有地域特色又符合现代生活需求的人居环境的实践。每个民族都有其独特的历史、文化、自然环境和社会特征，应当得到尊重、保护和发展。

在亚洲地区传统建筑有着非常悠久的底蕴，而从西方引入的现代主义建筑则基本为外来体系，属于空间上的移入，也是空间轴上的变化。早期，亚洲国家在学习西方现代建筑的过程中，随着经济的不断发展，到20世纪90年代，特别是东亚地区的一些国家达到经济发达水平后，他们在建筑上盲目追随西方的情况逐渐得到纠正，并兴起了一股显著的地方主义建筑浪潮。这是本土意识

---

❶ 向欣然. 现代建筑有地域特色吗？[J]. 建筑学报, 2003(1): 66-67.

的延续，是属于时间轴上的发展，所以现代建筑与地域建筑在此是分层时空上的概念。❶内蒙古自治区，一片拥有丰富历史和文化的土地，其独特的地域特色和民族文化为建筑设计提供了丰富的灵感。其致力于探索一种融合民族建筑风格的设计方法，旨在通过现代的手法传承和发扬蒙古族等民族的传统建筑艺术。在位于内蒙古赤峰市敖汉旗黄羊洼村的敖包山顶公园（图5-27）中，传统与现代的融合不仅体现在设计理念上，更深入到了每一个建造细节。从利用当地材料的可持续做法，到借鉴蒙古族传统建筑元素的创新应用，敖包山顶公园展现了一种对民族建筑风格的深刻理解和尊重。设计团队采用了毛石乱砌等当地传统低技建造方法，公园的观景平台设计采用了树枝状的构成，在观景平台的形式选择上，运用了增强现实技术，让来访者能够体验到这个区域历史上不同时期的虚拟照片与此时真实场景的融合与交织，这种创新的体验设计既具有现代感，又不失民族风格，体现了传统与现代的结合。

图5-27　敖包山顶公园（图片来源：作者自摄）

内蒙古建筑设计实践融合传统与现代，体现地域主义精神与现代建筑理念。其推广丰富了现代建筑多样性，为全球建筑文化发展贡献独特价值。在全球化背景下，通过地域性建筑创新实践，实现文化多样性与可持续发展。

---

❶ 王绍森.当代闽南建筑的地域性表达研究[D].广州:华南理工大学,2010.

五、保护和利用历史文化资源

从广袤的草原到悠久的古城，从古老的岩画到传统的蒙古包，这些文化资源是内蒙古不可再生的宝贵财富。如何合理地保护和利用这些资源，成为摆在内蒙古人居环境设计面前的一项重要任务。

保护和利用历史文化资源的设计是一项综合性的工程，它要求设计过程中在尊重历史真实性的基础上，运用创新思维和科技手段，实现对文化遗产的有效保护与合理利用。这种设计不仅涉及对古老建筑的修复与维护，以保持其原有的风貌和结构的完整性，还包括对非物质文化遗产的记录、传承与推广，确保其活力与时代价值。以元上都遗址为例，通过科学的修复和保护措施，这一世界文化遗产焕发了新的活力。修复工程不仅保留了遗址的原貌，还通过建设博物馆、游客中心等设施，为游客提供了丰富的文化体验。通过数字化技术，可以创建虚拟展览，让无法亲临现场的人们也能体验到历史的魅力。通过文化教育项目，可以培养公众尤其是年轻一代对历史文化的认知与尊重。同时，结合现代旅游和创意产业，将历史文化资源转化为具有教育意义的体验活动，不仅能够促进地方经济的发展，也能让文化遗产在当代社会发挥更大的作用。这种设计理念强调的是一种平衡——在保护中发展，在发展中保护，让历史文化资源在新时代绽放新的光彩。

在内蒙古这片充满历史与文化的土地上，保护和利用历史文化资源的设计不仅是一项技术活动，更是一种文化责任和历史使命。它要求我们在尊重过去的同时，积极拥抱未来，通过创新的设计方法和科技手段，实现历史文化资源的可持续利用和传承。历史文化资源得到恰当的尊重和利用，成为提升社区生活质量、丰富人们精神世界的重要元素。

第六章

基于地域文化的人居环境设计构想与教学实践

第一节

设计构想

　　本章将深入探讨内蒙古地域文化对人居环境设计的重要影响，并结合实践教学，探索如何创造更为人性化和可持续的居住环境。首先，对当地居民的需求和环境期望进行细致分析，以确保设计方案与实际需求贴合，并构思如何巧妙融入地域文化的特色，实现传统价值与现代创新的有机结合。其次，将研究"游牧"城市模式，寻找在城市规划中文化传承与城市化发展的平衡点。展望未来，将探讨牧区建筑的发展趋势，以及如何利用新技术和理念推动建筑形态的创新与可持续发展。最后，将深入探讨多维度景观设计的理念，为内蒙古地区打造出兼具文化内涵和生态价值的宜居环境。

一、实际需要与评价标准

　　内蒙古人居环境的改善与提升，是对地区发展需求的积极回应，也是对国家乡村振兴战略的具体实践。面对内蒙古独特的地域特性和多样化的自然条件，人居环境的规划与建设必须深入考虑生态保护、基础设施完善、公共服务提升以及民族文化的传承等多重实际需要。这些需求不仅关乎居民的生活质量，也是地区可持续发展的关键。

　　吴良镛先生曾指出："人居环境学"不是一个庞大的、僵化的学术体系，而是随时代需要，组构以解决问题为出发点的学科群。人居环境科学要解决的是在快速城市化提升中，人类生活、生产与自然、社会和谐发展的问题。在国家空间治理中以人居质量为"纲"，既是对改革开放40周年成果的延续和创新，也是人居环境科学尽快从"认识论"走向"方法论"的必由之路。当务之急是在宏观人居实践中强化人居标准的研究和配套政策设计。要认识到人居质量标准是多样的、相对的、包容的、渐进的，要根据不同地区的实际情况形成分类分级的人居标准。

人居环境的评价标准通常包括生态宜居、健康舒适、安全韧性、交通便捷、风貌特色、整洁有序等多个维度。评价标准的制定旨在推动人居环境的持续提高，确保人居环境整治提升工作的质量和效果，同时也为政策制定和资源配置提供了科学依据。

内蒙古人居环境的规划与建设，需要将评价标准与地区实际需求紧密结合，通过科学规划和合理布局，实现人居环境的优化和提升。内蒙古拥有广阔的草原和多样的生态系统，应注重生态保护和修复，维护生物多样性。在人居环境规划中，应优先考虑生态敏感区的保护，合理规划城乡建设用地，避免对生态环境造成破坏。考虑到内蒙古的气候特点，应加强住宅的保温隔热性能，提高室内空气质量。同时，应提供充足的绿地和休闲空间，以满足居民对健康生活方式的需求。

合理确定基础设施和公共服务设施的项目与建设标准，明确不同区位、不同类型村庄改善人居环境的重点项目和建设时序。规划要根据不同村庄人居环境现状，兼顾中长期发展需要，分类确定整治重点，分步实施。基本生活条件尚未完善的村庄要以水电路气房等基础设施建设为重点，基本生活条件比较完善的村庄要以环境整治为重点，全面提升人居环境质量。保护和发扬内蒙古的民族文化和历史遗产，将地方特色融入人居环境建设中。在建筑设计和城市规划中，应体现蒙古族等民族的传统元素。

内蒙古人居环境的改善是一项系统工程。它要求政府、社会各界和居民共同参与，形成合力。通过政府的引导和支持，社会各界的积极参与，以及科学的规划管理，内蒙古的人居环境将持续改善，不仅为居民带来更加美好的生活体验，也为地区的长远发展和生态文明建设奠定坚实基础。这不仅是对内蒙古丰富文化和自然资源的尊重，也是对未来生活质量和环境可持续性的承诺。

二、"游牧"城市的理想模式

人居科学以系统性和层次性的观点研究人类聚落及其环境的空间结构。包括五大层次，即聚落的五个尺度：全球、区域、城市、社区、建筑，以及五大系统，即构成聚落的五个要素：自然、社会、人、居住、支撑网络。应以此层次观和系统观来认识人居环境高质量发展的内涵与方向：在全球层次，关注"一带一路"等倡议；在区域层次，关注大城市地区协调发展、生态和农业地区保护、城乡统筹等议题；在城市层次，重视城市健康发展、城市更新和保护、城市设计等问题；在社区层次，重视社区建设完整、公共服务均等化等问题；在建筑层次，重视绿色建筑、特色传承等问题。在每一个空间层次中，既要考虑自然、社会、人、居住、支撑网络五大系统各自的质量和发展水平，更要关注各相关系统间的联系与结合，以高质量的人居环境为整体目标。在构想内蒙古"游牧"城市的理想模式时，需深刻理解游牧文化的内涵，将其融入城市规划、建设和生活方式中，实现文化、生态和经济的有机统一。

首先，城市应以草原为灵感，打造独具特色的"生态城市"，借鉴游牧民族对自然的敬畏与依赖，将生态文明理念融入城市规划与管理，实现城市与自然的和谐共生。建筑风格应以简约、自然为主，注重与周围环境的融合，采用可再生材料和绿色建筑技术，最大限度地减少能源消耗和环境污染。

其次，内蒙古"游牧"城市的经济发展应以生态旅游、文化创意产业和高端畜牧业为支柱，实现经济增长与生态保护的良性循环。通过创新金融工具和政策支持，吸引社会资本投入生态旅游和文化创意产业，培育具有国际竞争力的文化企业和品牌。同时，推动畜牧业现代化转型，引进先进技术和管理模式，提升草原畜牧业的附加值和国际市场竞争力，实现经济效益与生态效益的双赢。内蒙古"游牧"城市的社会治理应注重公民参与、法治建设和社会和谐。建立健全社区自治机制，鼓励居民积极参与城市规划和管理，实现政府、市民和企业的多方共治。加强法治建设，健全法律法规体系，维护社会公平正义，保障公民的权利和利益。同时，重视民族团结与和谐发展，推动不同民族文化的交流与融合，促进社会稳定与进步。

在追求高质量人居环境的过程中，内蒙古可以着重从人类情感关怀的角度出发，构建一个温馨、包容、富有人情味的生活空间。情感关怀不仅关乎居民的心理健康和社会福祉，也是衡量人居环境质量的重要维度。内蒙古应注重社区建设，营造一个互助互爱的社会氛围。通过组织社区活动，加强邻里间的交流与合作，增强居民之间的联系和社区的凝聚力。社区中心可以成为居民情感交流的场所，提供心理咨询、亲子活动、老年人关怀等服务，满足不同年龄层居民的情感需求。同时，内蒙古需关注弱势群体的情感需求，特别是老年人、儿童和残疾人。为他们提供更加便利和安全的生活条件，如无障碍设施、老年人日间照料中心、儿童友好型游乐场等，确保他们能够平等地享受社区资源，感受到社会的关怀和温暖。此外，内蒙古应重视公共空间的设计，使之成为居民情感交流的场所。公园、广场、步行道等应考虑居民的休闲和社交需求，设计舒适宜人的环境，鼓励居民走出家门，享受户外生活，促进人与人之间的自然互动。

再次，内蒙古应重视居住空间的合理布局。城市规划应充分考虑地形地貌和生态环境，避免无序扩张，保护好自然景观。同时，通过科学规划，实现居住区与工作区、商业区的有机结合，减少居民的通勤时间，提高生活便利性。居住环境的舒适度是衡量人居环境质量的重要指标。内蒙古应加强住宅建设的质量监管，提升住宅的保温、隔音等性能，确保居民拥有一个安静、舒适的居住环境。同时，增加绿地面积，提高空气质量，为居民提供更多的户外活动空间。此外，内蒙古还应加强居住区的安全管理。建立健全社区安全管理体系，提高居民的安全意识，确保居民的生命财产安全。

最后，持续改善城乡居住环境，完善城市配套功能。重点在"补短板、强功能"上下功夫，求实效。逐步推进电力、排水、燃气、集中供热等地下管网建设，持续完善城镇基础配套设施；不断完善城镇公共服务体系和商业服务体系，增强城镇综合承载能力，不断优化便民超市、购物中心、批发市场等居民生活服务设施布局。

三、对未来牧区建筑的展望

吴良镛先生曾指出：中国几千年优秀的文化传统，可称为"第一体系"。西方文化也有其独特的体系，西方文明科学人文的成就，包括今天先进科学技术与人文思想，解决了很多重大问题，可称为"第二体系"。在经济建设、社会文化迅速发展的今天，问题广泛、内容繁杂，需要基于中国国情，将二者融合，创造"第三体系"。第三体系需要分门别类，据具体情况而创造，并无一定之规。一些先驱者已经进行有关思想理论思考与实践探索，如梁思成提出"中而新"。以中国地域建筑独树一帜的近代岭南建筑为例，基于南亚热带季风的自然地理条件，夏昌世首先在建筑设计思想上受西方近代建筑包豪斯的影响，从功能上创造了"夏氏遮阳"，创造性地解决了建筑的通风、遮阳问题，因此被誉为岭南建筑的奠基者，他设计了华南土特产展览交流大会（文化公园）、鼎湖山教工休养所等；在20世纪60年代，经济极度困难的严峻条件下，余畯南利用岭南气候特点创造融实用、经济、美观于一体的可称为最早佳例的友谊剧院；莫伯治等借鉴岭南庭园，在建筑风格上发掘岭南建筑文化内涵，又因当时地方建设领导者具有一定人文思想、形象思维与文化素养，能与建筑师在情感上有所交流，促进了近代岭南建筑文化的形成。

以上也说明一个城市、地区建筑文化风格、体系流派特色的形成绝非轻而易举，乡土建筑普通风格的形成与公共建筑独特形象的创造、灵感火花的出现等有它自身第一体系（东方文化科学艺术）、第二体系（西方的科学文化）日积月累、相互启发的根基，也有融贯综合的时代必然性和偶然性。

未来的牧区建筑将深刻地融入生态可持续性的理念，这不仅是一种对自然环境的尊重，也是对内蒙古丰富地域文化的一种传承和创新。设计时要充分利用当地的自然资源，比如太阳能和风能，这些清洁能源的使用将大幅降低建筑对环境的影响，实现能源的自给自足，同时减少温室气体的排放。在设计中，将考虑到内蒙古草原牧民的传统居住建筑形态，这些建筑不仅适应了自然环境，也与牧民的畜牧业生产和生活方式相适应。通过现代技术与传统文化的结合，未来的牧区建筑应作为地域文化的载体，融入民族文化元素，这是一种对蒙古族丰富传统的致敬。建筑的外观和内部装饰可以采用蒙古族特有的图案，这些图案往往富含象征意义，如蓝天、草原、牲畜等自然元素，它们不仅美观，也体现了蒙古族人民与自然和谐共生的生活哲学，并且满足当代生活的需求，为草原牧民提供更加舒适和可持续的居住环境。这样的设计不仅有助于提高草原生态环境质量，而且对于保护和弘扬内蒙古的民族文化具有重要意义。此外，建筑设计还将考虑到蒙古族的传统生活方式，如游牧文化中的流动性和对自然环境的适应性。建筑的空间布局和功能设计将更加灵活，以适应牧民季节性迁徙和不同生产活动的需求。可以设计可拆卸或可扩展的居住空间，以便在不同季节根据牧民家庭的需要进行调整。

未来的牧区建筑，将超越其基本的居住功能，成为蒙古族文化传承和发展的重要媒介。这些建筑将精心设计，以反映蒙古族的历史、传统和价值观，同时融入现代元素，确保它们既具有历史意义，又能满足现代生活的需求。通过巧妙地将传统蒙古包的圆形结构、毡制材料和自然通风系统与现代建筑材料和节能技术相结合，这些建筑将成为文化与创新的融合体，为内蒙古的发展注入新的活力和动力，为人类社会的可持续发展作出重要贡献（图6-1）。

图6-1　未来牧区建筑创新设计（图片来源：李众逸提供）

第二节

人居环境总体规划

内蒙古人居环境的总体规划是一项全面而深远的计划，旨在实现人与自然和谐共生，提升居民的生活质量，并传承地域文化。其中蕴含的设计理念以绿色发展为核心，强调生态保护与人居环境的融合，同时注重满足居民对美好生活的向往和需求。

一、设计理念

内蒙古人居环境的总体规划设计理念包含了"自然、人类、社会、居住、支撑"这五个层面，该理念是深植于实践的行动指南，它通过一系列具体而微的措施，将理论转化为提升居民生活质量的生动实践。这些措施首先确保以人民为中心，通过社区会议和民意调查等形式，让农牧民在规划和建设的每个环节中发挥主体作用，真正实现他们对美好生活的向往。同时，规划采取因地制宜的策略，考虑到内蒙古不同地区的自然环境和文化特色，制定出既符合地域特性又促进平衡发展的策略。在可持续发展方面，规划注重长远，通过推广节能建筑、绿色交通等，实现资源的合理利用和生态平衡。

二、如何运用设计理念

内蒙古人居环境的总体规划设计理念是一幅宏伟蓝图，它以生态优先、绿色发展为引领，以人民福祉为核心，以文化传承为灵魂，以可持续发展为长远目标。理念不仅深刻体现了内蒙古地区独特的自然景观和民族文化，还通过科学规划和创新实践，为构建和谐、美丽、宜居的人居环境提供了坚实的支撑。

（一）生态优先，绿色发展

自然环境是一切设计的基础，自然环境是否稳定优渥决定了人们的生活质量的高低。在政策上，2023年习近平总书记曾经指出中共中央对于内蒙古的定位，要求推动内蒙古在建设"两个屏障""两个基地""一个桥头堡"上展现新作为。牢固树立绿水青山就是金山银山的理念，扎实推动黄河流域生态保护和高质量发展，加大草原、森林、湿地等生态系统保护修复力度，加强荒漠化综合防治，构筑祖国北疆万里绿色长城。❶

（二）文化传承，人民福祉

文化传承与创新也是规划的重要组成部分，要将蒙古族等民族文化元素巧妙地融入建筑风格和公共空间设计中，使每个居住空间都成为文化传承的载体，丰富居民的精神生活。此外，制定生态保护与修复的措施❷，如草原、森林和湿地的保护，以及生物多样性的维护，进一步强化人居环境的生态基础。同时，通过教育和实践活动，倡导绿色生活方式，提高居民的环保意识，促进全社会对生态环境保护的参与和支持。这些措施的全面实施，不仅能为内蒙古带来了和谐、美丽、宜居的生活环境，而且能为可持续发展提供坚实的支撑。

内蒙古人居环境的整体规划设计理念是一个综合性的框架，它不仅关注当前的生活质量，更着眼于长远的可持续发展和文化传承；既注重现实情况又关注文脉传承，从物质上与精神上双线发展。

三、设计依据

内蒙古地区人居环境的整体规划并非闭门造车或空口白谈，整体规划设计有着严谨的理论框架，且有充足的理论依据作为指导。通过设计依据的指导，内蒙古地区可逐步构建一个生态宜居、文化繁荣、社会和谐的人居环境，为居

---

❶ 赵晖. 研究《国务院关于推动内蒙古高质量发展奋力书写中国式现代化新篇章的意见》贯彻落实工作 [N]. 乌海日报,2023-11-23.

❷ 陈新风,赵子光. 人居环境自然适宜性评价研究 [J]. 世界生态学,2022,11(1):1-6.

民提供更加美好的生活空间。

（一）人居环境学

"人居环境学"作为由吴良镛先生结合中国城乡建设所发展出的一门综合型学科[1]，以村庄、集镇、都市等的各种人类居住环境为主要研究对象，注重研究人和自然环境之间的交互关系，并注重于将人类居住环境当成一个整体，在政治、社会、人文、科技等各个方面展开全面、系统、综合的研究。

人居环境学强调环境设计的整体性，即在设计时应考虑环境的各个方面，包括自然、社会、文化等，以实现环境的和谐统一。设计应遵循生态学原理，注重生态平衡和可持续性，减少对环境的负面影响，促进人与自然的和谐共生。人居环境学以人的需求为中心，设计应满足不同人群的生理、心理和社会需求，提高人们的生活质量。人居环境学提供了关于空间布局的理论指导，包括公共空间与私人空间的划分、功能区的合理布局等，以提高空间的使用效率和舒适度。设计应尊重和融入当地的文化传统，反映地域特色，增强环境的文化认同感。人居环境学鼓励合理利用现代科技，如智能建筑、绿色能源等，以提高环境的功能性和舒适度。设计过程中应鼓励社区居民的参与，了解他们的需求和期望，以实现更加人性化和民主化的设计。设计应具有适应性和灵活性，以应对不断变化的社会需求和环境条件。同时，在设计中应考虑对历史文化遗产的保护和再利用，尊重历史文脉，实现新旧融合。

人居环境学是设计的重要理论基础之一，可以提供科学的理论和方法支持。[2]人居环境学视角下的人居环境整治设计是一个复杂而多样化的系统，需要综合考虑自然、人文、生活、生态和文化等方面的因素。通过科学的设计和实践，可以提高人居环境的质量和居民的生活品质，实现更加人性化、可持续和美好的发展。

人居环境学理论为内蒙古人居环境设计提供了全面而深刻的理论指导，强调了人与环境的和谐共生、文化尊重、居民参与、适应性设计、生态保护、多功能性、科技融合，以及动态评估等关键要素。首先，人居环境学的整体性原则要求

---

[1] 吴良镛. 开拓面向新世纪的人居环境学——《人聚环境与 21 世纪华夏建筑学术讨论会》上的总结发言 [J]. 建筑学报, 1995(3): 9-15.

[2] 辛艺峰. 人居环境研究与绿色住区环境设计 [J]. 城市, 2003(5): 51-53.

设计者在规划内蒙古人居环境时，必须考虑到自然环境与人类活动的统一性，追求生态平衡和可持续发展。内蒙古地域广阔，拥有独特的生态系统，设计应顺应自然地貌和气候特征，减少对环境的负面影响。其次，文化尊重是人居环境设计中不可或缺的一环。内蒙古的民族文化丰富多彩，设计应充分挖掘和融入这些文化元素，保护历史文化遗产，同时为传统文化的传承和发展提供空间。居民参与是提升人居环境设计质量的关键。设计过程中应积极吸纳居民意见，确保设计方案能够满足居民的实际需求，增强居民的归属感和满意度。适应性设计要求设计者考虑到内蒙古不同地区的自然条件和社会特点，提出具有地域特色的设计方案，提高人居环境的适应性和灵活性。生态保护是人居环境设计的重要目标。内蒙古拥有广袤的草原和森林，设计应注重生态保护和修复，采用绿色建筑和节能技术，减少对自然环境的破坏。多功能性的设计可以提高空间的使用效率，满足居民多样化的生活需求。设计应兼顾居住、工作、休闲、教育等多种功能，打造综合性的人居环境。科技融合为人居环境设计提供了新的可能性。设计者可以利用现代科技，如智能建筑技术、可再生能源等，提高人居环境的舒适度和便利性。最后，动态评估是确保人居环境设计持续优化的重要手段。设计应根据社会经济发展和居民需求的变化，定期进行评估和调整，以适应不断变化的环境。

（二）环境心理学

环境心理学是以研究人类与周围环境之间相互关系为主要内容的一门学科，它是社会学、生理学、心理学、美学及环境行为学的一个分支。在对人居环境的研究中，环境心理学的应用具有重要意义。从环境心理学视角出发，对人居环境中人与人之间互动行为和心理需求的研究，主要是以人居环境为研究对象，在其建设过程中，需要对居民的行为模式和心理需求进行分析，从人的行为特征出发，对人与人之间互动行为进行研究，并在此基础上为人居环境设计提供一定的参考。[1]同时，环境心理学在建筑设计中的应用十分普遍，尤其是在扬·盖尔（Jan Gehl）的《交往与空间》[2]一书中，他深入探讨了室外公共空间如何影响人们的心理行为，并将其作为一种有效的研究方法。通过环境心理学的理论框架，可以更好地理解居住区的交往空间，从而促进邻里关系的建

---

[1] 吕晓峰. 环境心理学的理论审视 [D]. 长春:吉林大学,2013.

[2] 扬·盖尔. 交往与空间 [M]. 何人可,译. 北京:中国建筑工业出版社,1992.

立，并有效地激发室外交往的活力。

环境心理学在人居环境整治的应用非常广泛，通过环境心理学的研究，我们可以更好地理解社区中的公共空间，以及意象的重要性。这样，我们就可以更深入地探究环境建设中的问题，并且可以通过环境心理学的理论来弥补这些缺失，从而为环境设计提供科学依据和优化建议。

环境心理学理论有利于在内蒙古人居环境设计中的对居民心理需求和行为模式的深入理解与应用。首先，环境心理学理论指出，人居环境的设计应关注居民的情感体验和心理舒适度。内蒙古地域辽阔，自然环境多样，设计时应充分利用自然景观，创造开阔的视野和舒适的空间，以缓解居民的压力，提升其情绪状态。其次，理论强调个体与环境的互动，提倡在设计中考虑居民的日常活动和社交需求。内蒙古的人居环境设计应提供多样化的公共空间，如社区中心、公园和广场，以促进居民之间的交流与互动，增强社区凝聚力。再次，环境心理学理论认为环境设计应反映和强化地方文化认同。内蒙古拥有丰富的民族文化，设计中应融入民族元素，如传统图案、色彩和材料，以增强居民的文化自豪感和归属感。最后，环境心理学理论还关注环境对儿童和老年人等特殊群体的影响。内蒙古的人居环境设计应特别考虑这些群体的需求，如为儿童提供安全的游戏空间，为老年人设计无障碍设施，确保所有居民都能享受到高质量的生活环境（图6-2）。

（三）文化生态学

"文化生态学"一词在1955年由美国人类学家朱利安·斯图尔德（Julian Steward）在其理论著作《文化变迁论》[1]中首次提出。"文化生态"（文化环境）是文化生态学的重要组成部分，它描述了不同社会群体如何通过彼此之间的沟通、合作、共同发展，实现各种文化行为的环境、机制、方式等。文化生态是由自然资源、经济活动以及社会机制共同决定的，它们共同构建出一个融合自然、经济、社会的完整系统。简而言之，文化生态学是一门研究人类如何利用自然资源和技术手段来改善和保护自然环境的科学，它旨在探索人类文明如何影响和改变自然环境，以及如何通过技术手段来改善自然环境，从而实现

---

❶ 朱利安·斯图尔德. 文化变迁论 [M]. 谭卫华,罗康隆,译. 贵阳:贵州人民出版社,2013.

图例
1 停车场　　　　11 光辉缝隙
2 入口广场　　　12 自行车道
3 百年历史　　　13 成就长廊
4 游客服务中心　14 光之路
5 任重道远　　　15 景观桥
6 眺望未来　　　16 倒计时广场
7 干难万险　　　17 解析发射塔
8 沉思空间　　　18 星系仰望
9 艰难岁月　　　19 银河轨道
10 互动区　　　　20 乌托邦

图6-2　基于环境心理学设计的东风航天城爱国主义教育基地（图片来源：董含提供）

文化的可持续发展。文化生态学的理论在社会科学研究中起到重要的作用，它通过系统论的原则和发展的视角，将人类文明置于自然和社会环境之中，深入探讨文化与环境之间的相互影响，体现出研究方法上的显著优势。同时文化生态学也是一门新兴学科，它是以生态学为基础发展起来的交叉学科。文化生态学主要研究人类社会与自然生态环境之间相互作用关系及其规律，在人居环境整治中发挥重要作用。从文化生态学视角来看，人居环境整治设计需要结合当地的地域文化特征，通过对人居环境进行调查，对影响人居环境的因素进行分析，构建以文化生态学为指导的人居环境整治设计模式。在此模式下，对人居环境进行系统分析，通过对文化生态系统的研究，实现对人居环境的保护与提升。

文化生态学在人居环境设计中可以发挥重要作用，帮助设计师更好地了解当地文化和自然环境，保护文化遗产，利用当地资源，促进可持续发展。文化生态学理论为内蒙古人居环境设计提供了深刻的理论视角，强调了文化与自然环境之间的相互作用和平衡。首先，文化生态学理论强调环境设计应与地方文化相协调。内蒙古地区拥有独特的草原文化和游牧文化，人居环境设计应尊重并融入这些文化特色，如在建筑风格、材料选择和空间布局上体现民族元素，以增强居民的文化认同感。其次，理论提倡在设计中考虑生态平衡，保护和利用自然资源。内蒙古地域广阔，拥有丰富的自然资源，如草原、森林和沙漠。设计应注重生态保护，合理利用这些资源，如采用本土植物进行绿化，减少对环境的破坏。再次，文化生态学理论认为设计应促进社区的可持续发展。内蒙古人居环境设计应考虑经济、社会和环境的协调发展，如发展绿色产业，提高居民的生活水平，同时保护文化遗产和生态环境。此外，理论强调居民参与的重要性。在内蒙古人居环境设计中，应鼓励居民参与规划过程，反映他们的需求和期望，增强社区的凝聚力和活力。文化生态学理论还提倡设计应具有适应性，能够应对环境变化和社会需求的演进。内蒙古人居环境设计应具有一定的灵活性，以适应气候变化、人口增长和文化变迁等挑战。最后，理论强调对传统知识的重视。内蒙古地区拥有丰富的传统生态知识，如草原管理、水资源利用等。设计应借鉴这些知识，结合现代科技，创造出既传统又现代的人居环境。

第三节

人居环境分项设计

一、自然系统

在人居环境设计中，自然因素对规划和设计的过程有着较大影响。[1]需要综合考虑生态、气候、地理等多方面的条件，考虑这些因素不仅有助于提高居住的舒适度和健康性，还能促进生态平衡和可持续发展。[2]作为人居环境分项设计而言，自然系统的设计需要注意以下几个方面。

（一）生态网络构建

生态网络构建是实现人居环境可持续性的重要策略之一，它强调了自然系统与人造环境之间的和谐共生。通过生态网络构建，可以提高城市和区域的生态韧性，为人类和野生动物创造更加健康和多样化的生活环境。

在人居环境设计中，生态网络构建是指创建和维护一个由不同生态斑块（森林、草地、湿地等）、生态走廊（绿道、河流廊道等）以及生态节点（自然保护区、城市公园等）组成的网络系统。这个系统旨在增强生物多样性，促进物种的迁移和基因流动，同时提供多种生态服务，如净化空气和水质、调节气候、提供休闲空间等。

（二）生物多样性保护

在人居环境设计中，生物多样性保护是指采取措施来维护和增强一个地区内动植物种类的丰富性、遗传变异的多样性以及生态系统类型的多样性。这种保护对于确保生态系统的健康、稳定和提供持续的生态服务至关重要。

---

[1] 马婧婧. 中国乡村长寿现象与人居环境研究——以湖北钟祥为例 [D]. 武汉：华中师范大学,2012.

[2] 张莹. 城市体质健康型人居环境建设研究 [D]. 上海：东华大学,2011.

在设计中，生物多样性的保护包括许多方面，例如：保护现有生境、增加生境多样性，即通过设计不同类型的生境，如混合林地、灌木丛和草地，为不同物种提供多样化的栖息地；生态走廊和连接，即创建生态走廊连接孤立的生境，以便物种可以迁移、觅食和繁殖，避免外来物种入侵等。

（三）水敏感性设计

水敏感性设计（Water Sensitive Urban Design，WSUD）是一种综合性的城市设计理念，旨在通过规划、设计和管理实践，有效管理城市地区的水资源，提高水的自然循环和生态功能。WSUD 考虑了水的整个生命周期，包括收集、净化、储存、再利用和排水，以实现改善环境的目标。例如，洪水的管理，设计旨在应对极端天气事件，减少洪水风险，保护居民和基础设施；雨水收集与利用，收集雨水用于灌溉、冲洗和其他非饮用目的，减少对传统水源的依赖。此外，还有地下水补给与城市微气候调节等措施。

二、人类系统

人类系统在人居环境中是一个复杂而多维的概念，它涵盖了与人的生活、活动、文化和社会互动直接相关的各个方面，包括人的生理、心理、行为和文化需求，以及个体和群体的生活方式、价值观和社会互动等。因此，在设计中，我们无可避免地需要注重地域性人类系统。❶

在人居环境的人类系统中，心理需求和行为模式是理解居民如何与环境互动的关键要素。设计师和规划者可以通过观察、调查和分析这些模式，创造出更加人性化、功能性和美观的环境，以满足居民的需求，促进其心理健康和幸福感。同时，也有助于提高空间的使用效率和社会的整体福祉。

---

❶ 孟庆涛.设计心理学 [M].青岛:中国海洋大学出版社,2016.

（一）心理需求

心理需求包括安全感、归属感、自尊、控制感、隐私、环境认同等。安全感：对安全、稳定和保护的需求，包括身体安全和心理安全。归属感：与他人建立联系和归属感的需求，希望成为社会群体的一部分。自尊：对自我价值和能力的认可，希望得到他人的尊重和肯定。控制感：对环境有一定控制能力，能够影响自己生活的需求。隐私：对个人空间和信息保密的需求。环境认同：对居住环境的文化、历史和美学特征的认同感。

（二）行为模式

行为模式描述人们在特定环境下的行为特征和活动方式，包括日常活动、生活习惯、工作模式、出行方式健康行为等。日常活动：居民的日常生活活动，如起床、吃饭、工作、休闲等。生活习惯：个人或群体长期形成的生活习惯，如饮食偏好、睡眠模式等。工作模式：工作的性质、时间和地点，以及工作与生活平衡的方式。出行方式：居民的出行习惯，包括步行、骑行、驾车或使用公共交通。健康行为：居民的健康相关行为，如锻炼、饮食习惯等。

三、社会系统

在内蒙古这一多元文化交融的地域中，人居环境中的社会系统必定会展现出独特而丰富的面貌。它不仅关乎人们如何组织、互动以及这些互动如何影响生活质量和社区发展，更深刻地映射出内蒙古地域文化的精髓。这里，社会关系网中融入了草原民族的热情与团结，法律制度则汲取了游牧文化与农耕文明的智慧，经济体系则展现着从传统畜牧业向现代多元经济的转型。

在社会参与方面，内蒙古居民对社区事务的积极态度，如同蒙古族那达慕大会上的团结协作，不仅体现在日常的社区管理和志愿服务中，更在重大决策时凝聚成强大的力量。社会动态方面，随着人口流动和家庭结构的变化，内蒙古社区在保持传统风貌的同时，也展现出对新生活的向往与追求，如城市化的推进与乡村振兴的实施。

设计过程中，必须深刻理解并尊重内蒙古的地域文化特色。例如，在提升民族共同体意识时，可以借鉴哈达灵动的形态、蒙古包的稳固结构与草原生态智慧；在促进社会健康方面，融入蒙古族的传统医药知识与健康生活方式；在文化传承上，通过节日庆典、民族艺术活动等形式，让居民在享受现代生活便利的同时，也能感受到深厚的文化底蕴和强烈的社区归属感。

因此，社会系统在人居环境设计中如同内蒙古草原上的灵魂，它不仅连接着过去与未来，更让地域文化在现代化进程中焕发出新的生机与活力。通过精心设计与规划，我们可以打造出既符合现代生活需求，又充满内蒙古地域文化特色的人居环境社会系统（图6-3）。

民族文化展示馆

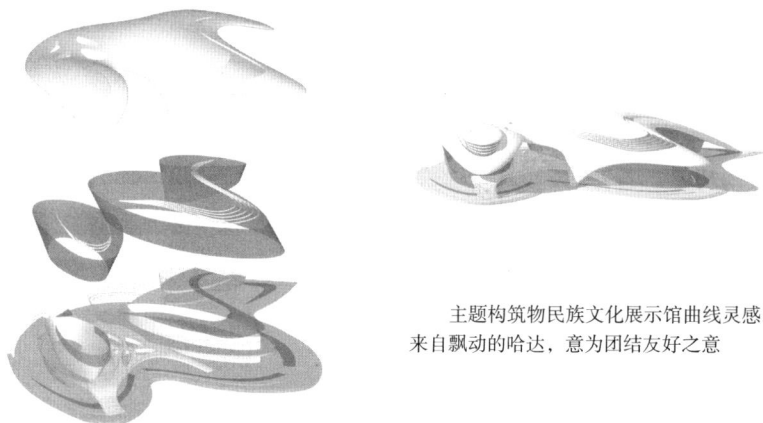

主题构筑物民族文化展示馆曲线灵感
来自飘动的哈达，意为团结友好之意

图6-3 以飘动的哈达为灵感设计的民族文化展示馆（图片来源：梁锜提供）

四、居住系统

居住系统是人居环境科学中关注人们居住条件和生活质量的综合体系，是人居环境中的核心组成部分，它主要涉及住宅的规划、建设和管理，要求不仅满足基本的居住要求，还包括多样化的住宅类型以适应不同居民的需求、合理的社区布局以促进邻里间的互动和归属感、完善的住宅相关设施和服务以提升居住的舒适度和便利性，以及安全、健康、可持续的居住环境以保障居民的福祉和生活质量，居住系统还需融入环境美学和社会文化元素，反映地区特色，同时考虑到经济性、可持续性和社会公平性，确保居住空间既能满足当前需求也具备适应未来变化的灵活性。

　　住宅设计，强调住宅的功能性、舒适性和美观性，采用合理的空间布局、自然采光和通风设计，以及适宜的建筑材料和技术。其中包括多样化住宅类型，提供不同类型和规模的住宅，如单户住宅、多户住宅、公寓、廉租房等，以满足不同家庭结构和经济能力居民的需求。社区规划，考虑社区的整体布局，包括住宅、商业、教育、休闲等功能区的合理分布，以及开放空间和绿地的规划。公共设施配套，确保社区内或周边有便利的公共服务设施，如学校、医院、市场、公共交通站点等。可达性与交通，优化交通网络，确保居民能够方便地出行，同时鼓励步行和自行车等健康、环保的出行方式。安全与健康，设计考虑居民的安全需求，包括防灾减灾措施、安全防护设施和健康生活环境。可持续性，采用绿色建筑和生态社区的理念，减少能源消耗和环境影响，提高资源利用效率。❶文化与地方特色，反映地区的历史、文化和自然环境特色，增强居住环境的地域识别性。

　　人类社会的发展总归是围绕着"衣食住行"所展开，居住系统是最为基本的生存系统，这要求我们注重居住地的质量与安全，且除基础的居住功能外，还应满足舒适性与美观性。

五、支撑系统

　　支撑系统是人居环境中不可或缺的基础设施和服务网络，相较于前面提到的社会系统而言，它通过提供交通、能源、水务、通信、环卫、公共安全、医疗保健、教育、经济服务等关键功能，构成社会运转的物质基础和技术框架；这个系统也涉及智能化管理、环境监测、政策支持和社区服务等方面，确保居民生活质量的提升和社区的可持续发展；支撑系统的设计和管理要求高度的技术专长、前瞻性规划，以及对经济、社会、环境因素的综合考量，旨在通过智能化、绿色化、人性化的服务提升居住的便捷性、安全性和舒适度，同时促进社区活力和居民的社会福祉。

　　以交通系统设计为例：作为支撑系统中的重要组成部分，交通系统直接影

❶ 辛艺峰. 人居环境研究与绿色住区环境设计 [J]. 城市,2003(5) :51–53.

响到人们的出行效率和城市的运行流畅性。交通设计中涵盖一些关键点，例如网络规划：设计交通网络，包括道路、铁路、地铁、公交和自行车道等，以满足不同交通需求和减少拥堵（图6-4）。并且在具体方案中，应该设置"一级道路、二级道路"等合适的道路等级与道路流线，包括道路宽度、车道划分、交叉口设计、人行道和自行车道的设置等，确保道路安全和高效。在城市规划阶段设计公交车站、地铁站、轻轨站点等，提高公共交通的可达性和便利性。为体现人文关怀，无障碍设计也是重点，确保交通系统对老年人、儿童和残疾人友好，提供便利的通行条件。

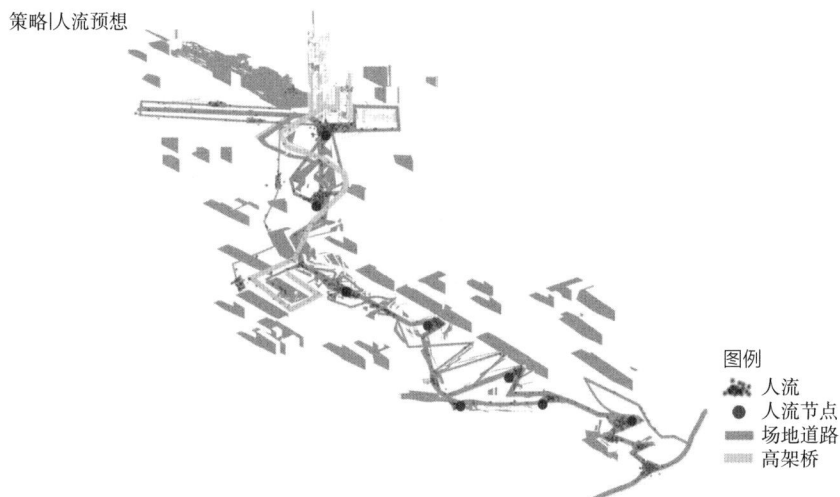

图6-4 能够满足各类人群通行需求的交通系统设计（图片来源：董含提供）

以上五大系统相互关联、相互作用，共同构成了人居环境的整体框架。人居环境科学的目标之一就是研究这些系统之间的相互作用和影响，以寻求实现人与自然和谐共存、社会经济可持续发展的途径。

第七章

地域文化视角下的人居环境设计教学案例

　　在相关的教学实践中，教学团队通过深入剖析多个具体设计案例，旨在将理论与实践紧密结合，为学生提供一个全面、生动的学习平台。本章精选了四个具有代表性的设计案例，包括呼和浩特城市绿道规划与设计、吉日嘎朗图镇光前村乡村规划景观设计、内蒙古师范大学校园滨水景观设计以及盛乐新区城市设计，这些案例不仅展示了地域文化在人居环境设计中的独特应用，还体现了现代设计理念与传统文化元素的完美融合。

　　从教学视角出发，教学团队引导学生分析了每个项目的设计背景、目标、难点以及解决方案，重点探讨设计团队如何根据内蒙古独特的地理环境、气候条件、历史传统和社会习俗，制定出科学合理的设计方案，并通过实践验证其可行性和有效性。通过一系列的教学实践，学生将能够深刻理解地域文化对人居环境设计的重要影响，掌握如何在设计中融入地域特色、解决现实问题的方法与技巧。

　　这些具有探索性的设计方案既是理论学习的延伸和拓展，更是实践能力和创新思维培养的重要环节。学生将能够更加全面地理解地域文化在人居环境设计中的价值与作用，为未来的设计生涯奠定坚实的基础。

第一节

翠影云径，绿色畅行：呼和浩特城市绿道规划与设计

一、总体规划

（一）设计背景

　　近年来，随着城市中交通拥堵和环境污染问题的不断加剧，公众对健康的

意识也在迅速增强，越来越多的人开始追求绿色、低碳的出行方式。在这样的背景下，城市绿道的建设与发展逐渐成为改善城市绿色空间环境、推广健康绿色出行以及实践低碳生活方式的重要手段。这对于缓解交通压力、提高居民出行的满意度以及实现城市资源的高效利用具有较为显著的影响。随着骑行作为一种通勤方式的地位日益提升，特别是自2016年以来，"共享单车"的兴起更是将骑行出行的热潮推向了一个新的高峰。这对设计者提出了新的挑战，即如何建立与居民通勤需求紧密结合的绿色道路系统。

（二）问题总结

调查发现：呼和浩特市城市中心区、城市住区等人流较为集中的地方依然以服务机动车为主导来设置基础设施，绿色骑行与步行交通设施布置缺乏；机动车乱行、乱停等侵占其他交通空间的现象愈发普遍，城市出行结构越发不平衡，影响城市绿色交通空间，继而影响出行结构，最终造成城市交通不畅的局面。此外，呼和浩特市内绿地资源分配问题也日益突出，绿地分配不均，未能做到绿地公平，居民人均绿地资源过少，这些都不利于居民的幸福生活。

（三）设计概念

设计规划将呼和浩特市居民出行行为有关的数据结合呼和浩特市公园、绿地、河流等资源进行量化分析，划定绿道选线路线。为解决呼和浩特市空间可实施性和交通环境质量差的问题，规划设计以居民通勤出行行为出发点，从人居环境五大系统着手，打造一条将交通环境质量与居民的通勤出行需求紧密结合，又兼具展示城市地域景观或历史特性、休闲游憩、城市生态资源保护等功能于一体的，安全的、完整连续的上下班通行专用绿道，从而实现降低居民通勤时耗、提升区域可达性、完善城市绿色慢行系统的目的（图7-1）。

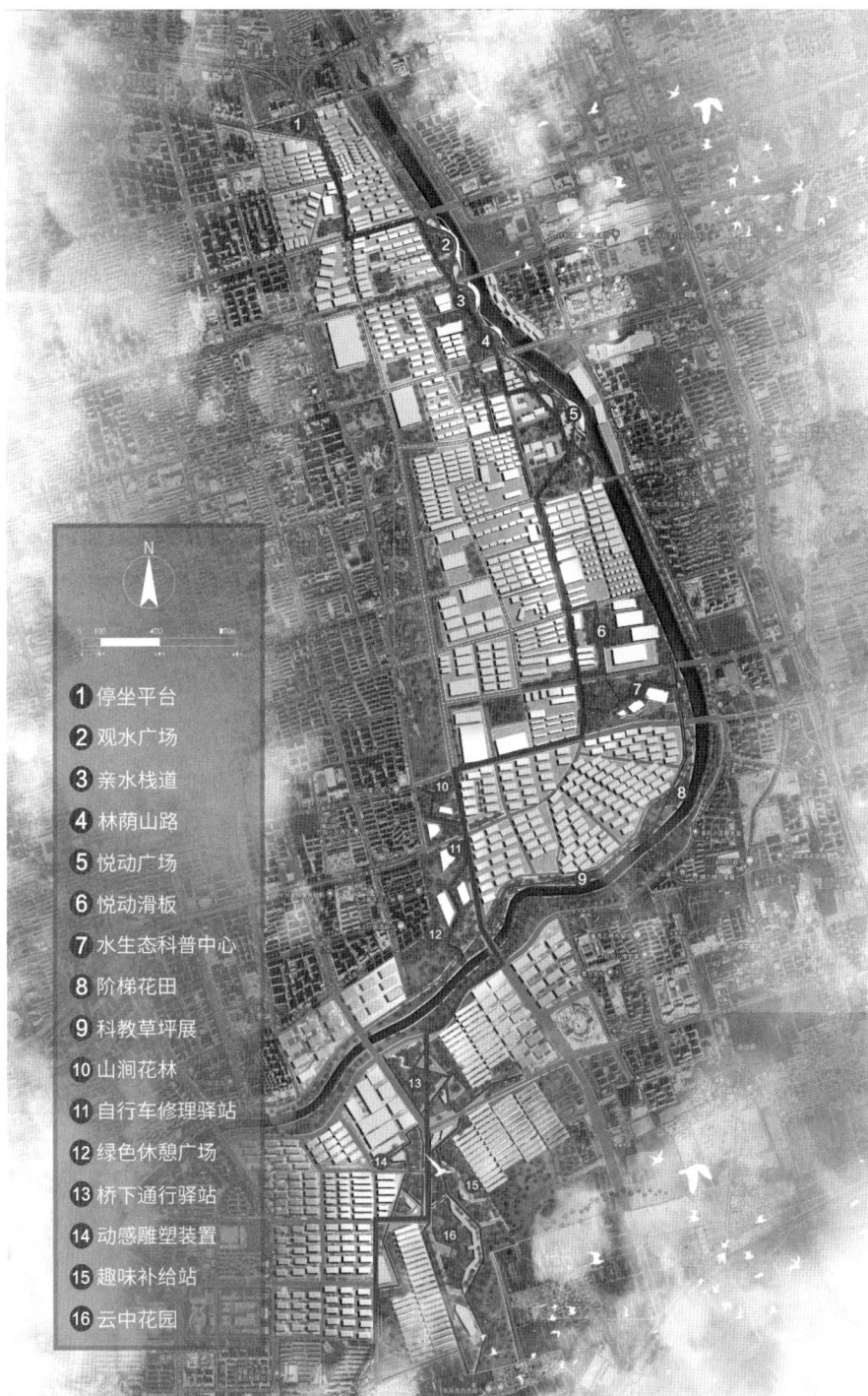

图例：
1 停坐平台
2 观水广场
3 亲水栈道
4 林荫山路
5 悦动广场
6 悦动滑板
7 水生态科普中心
8 阶梯花田
9 科教草坪展
10 山涧花林
11 自行车修理驿站
12 绿色休憩广场
13 桥下通行驿站
14 动感雕塑装置
15 趣味补给站
16 云中花园

图7-1 绿道规划设计总平面（图片来源：研究团队绘制）

二、人居环境分项设计

（一）自然系统

从自然系统角度分析，呼和浩特市存在绿色生态空间破碎、各个绿地资源之间缺乏必要的联系无法形成整体、道路两侧植被种植形式单一且由于部分路段缺乏管理导致植物生长混乱等问题。作为人居环境分项设计而言，通勤绿道规划设计将从生态绿道网络构建及生态节点植入两大方面着手解决现存问题，实现通勤绿道系统生态平衡及整体性的目的。

1. 生态绿道网络构建

呼和浩特市绿色生态空间零碎、缺乏整体性及连续性、道路系统压力不断提升的情况下，规划设计提出构建生态绿道，从而起到保护自然资源，防止其在快速城镇化进程中遭受破坏的目的。通过构建生态绿道网络将孤立的生态资源相互连接成为整体。规划设计通过提取出城市中的绿地、水系等需要链接的生态系统，结合居民出行行为有关的数据进行量化分析，寻找链接两两之间的最适宜路线，最终形成生态绿道网络。

筛选绿道链接对象，构建生态绿道网络首先需要遵循规划设计的主旨，确定绿道的特征。规划设计从功能类型以及空间作用上来考虑绿道的功能特点，从功能定位来看，通勤绿道主要服务于城市居民的短途公共交通接驳和中短途通勤出行需求。从空间布局来看，它旨在为有中短途通勤需求的区域之间建立安全、高效的连接，并在提升城市景观和生态环境方面发挥重要作用。

在规划设计阶段，根据通勤绿道的功能特性，我们将连接对象分为两大类：通勤出行需求端和通勤出行吸引端。需求端指的是居民出行的起始点，通常以城市社区和公共交通站点为中心，这些区域的通勤需求最为迫切，应优先规划通勤绿道的建设。吸引端则是指吸引居民通勤出行目的的区域。这些地方是居民通勤出行的终点或途经点，对于通勤绿道的规划同样至关重要（图7-2）。

基于大数据的绿道网络构建，规划设计根据通勤绿道连接对象的选取，利用手机信令识别的呼和浩特市居民居住地与就业地，推断呼和浩特市有工作人口的通勤出行空间分布特征，以确定该地区有工作人口的主要通勤方向与主要

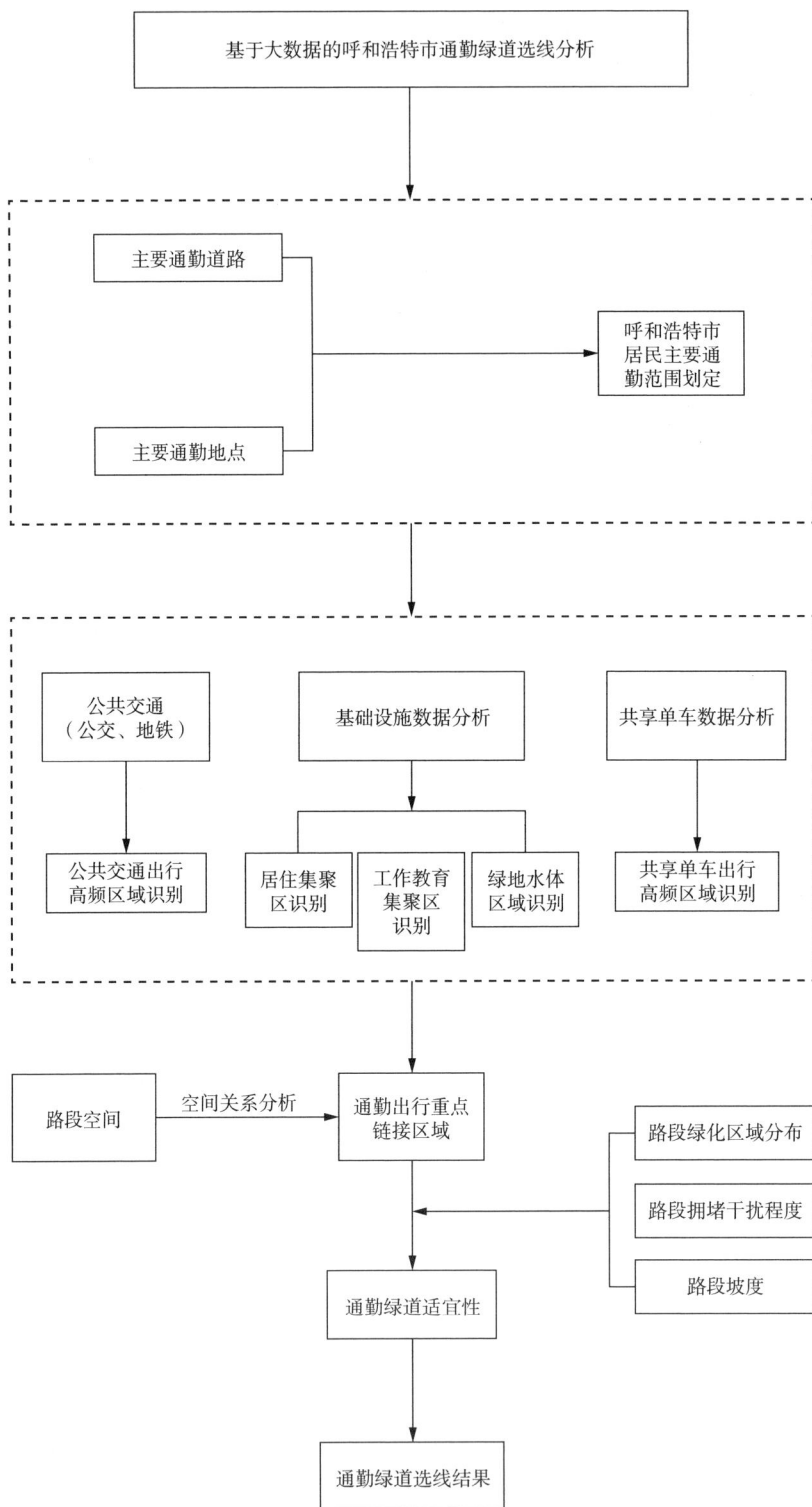

图7-2　基于大数据的呼和浩特市通勤绿道选线分析（图片来源：研究团队绘制）

通勤范围。在此基础上，利用地铁站点的刷卡数据，确定呼和浩特市频率高的通勤出行需求站点与其通勤范围内频率高的通勤出行吸引站点，作为居民公共交通通勤出行的需求与吸引节点；利用共享单车数据研究居民通勤出行中单车骑行行为特征，以确定居民单车通勤出行的需求与吸引节点；利用GIS数据，提取主要通勤范围内的商业大厦、公司企业、科研教育机构、公园绿地、风景区等类别的分布情况，然后筛选出主要通勤范围内基础设施分布密集的区域，从而确定绿道网络重点连接的吸引通勤出行经过或到达的上学、工作与游憩资源聚集的区域。综合分析路段两侧一定范围内的坡度、绿化覆盖率等，对相应的绿道链接对象进行赋值，并利用ArcGIS的网络分析模块进行通勤绿道选线的最佳路径分析。在此基础上根据实地路线状况进行适当调整，最终形成的线路即为呼和浩特市的绿道最优选线结果，实现生态绿道网络的基础构建（图7-3）。

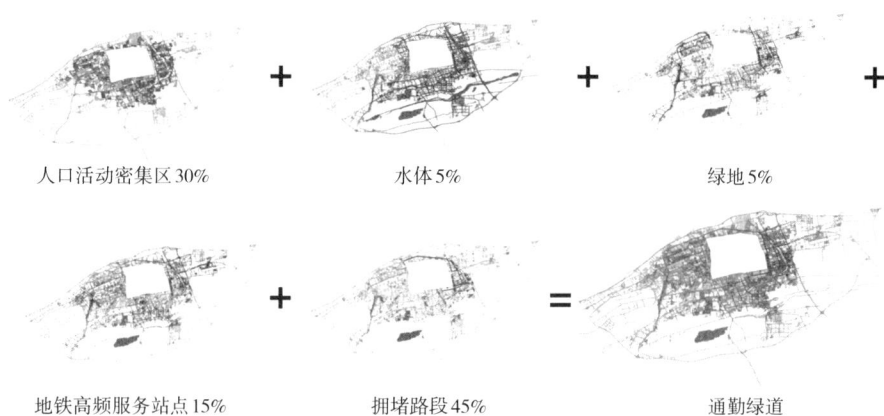

人口活动密集区30%　　　　水体5%　　　　绿地5%

地铁高频服务站点15%　　　　拥堵路段45%　　　　通勤绿道

图7-3　呼和浩特市绿道选线量化分析（图片来源：研究团队绘制）

2.生态节点植入

选取出最适宜的选线道路后，规划设计针对绿道选线区域内生态环境进行研究分析，发现该区域内绿地资源较为丰富且临近东河与小黑河，但整体选线缺乏节点设置，不利于保护一个地区内动植物种类的丰富性和生态系统类型的多样性。节点设置的缺失导致整体缺乏节奏感和趣味性。此外，选线范围内植物种植形式单一，植物种类缺乏多样性。为解决这一问题，设计提出进行生态节点的植入。生态节点的植入对于保护生态系统的健康、稳定和提供持续的生态服务至关重要。在设计中，通过节点规划设计以及栽植绿化设计两个方面实

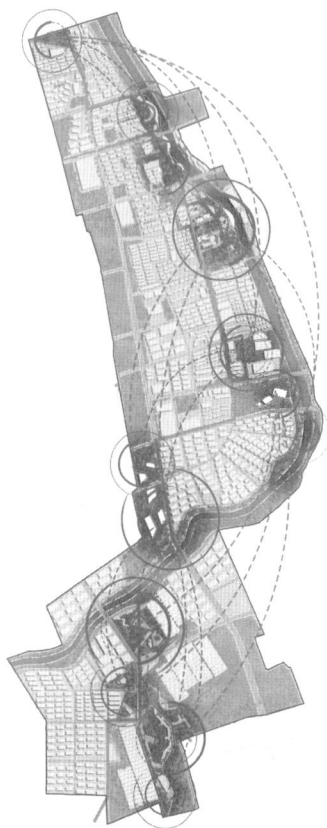

图7-4 绿道节点规划设计分析
（图片来源：研究团队绘制）

现绿道功能的完善。

节点规划设计，对整体道路的分段进行空间设计，针对每个道路的部分进行分析并确定塑造主体进行绿道中的节点规划。规划设计通过内容及形态上的修饰达到视觉集中的目的，从而给使用者留下深刻的印象（图7-4）。

栽植绿化设计，通过对选线区域内植物栽种方式以及植物种类的调查发现，存在树种应用少，某些树种比例过高；植物配置层次结构过于单调，缺少变化；分车带植物配置不当；大部分广场遮阴不足等问题。基于以上问题，设计中采取对不同节点进行分析，从而选择不同的绿化方式和栽植的植物，以解决现存问题。

对于树种应用少，某些树种比例过高的问题，设计针对性进行树种的丰富，增加行道树的配置方式，除单排栽植外，采用常绿与落叶乔木或常绿灌木与落叶乔木间隔栽植。以形成"一街一特色"的景观。增加观花、观叶植物的应用，丰富季相景观。增加攀援植物种类，进行垂直绿化，提高绿化覆盖率。对于植物配置层次结构过于单调，缺少变化的问题，设计中合理搭配上中下三层植物种类，营造复层植物景观。对于分带植物配置不当的问题，设计中中央分车带宽8m以上时，采用了乔灌草相结合的配置方式，随分车带加宽，适当地加大配置的体量；分车带宽不足4m时，则以小灌木＋草坪的配置方式为主。在道路分隔带的设计中，宜采用灌木与草坪相结合的布局方式，而在接近交叉路口的地方，则以花卉种植和草坪为主，以增强视觉效果。鉴于道路环境的光照条件和可能的汽车尾气影响，选择落叶乔木作为分隔带的树种，既能适应环境，又便于维护。同时，为了应对季节变化带来的影响，还应结合使用不同季节色彩变化的灌木种类，以实现景观的季节性变化和色彩的丰富性。通过这样的配置，不仅能够提升道路的生态效益，还能为过往的行人和车辆提供美观的视觉效果。对于广场遮阴问题的解决，在进行规划设计时，应减少只供观赏的纯草坪区域，特别是那些仅用于观赏的草坪。取而代之的是，应规划一些可供休闲使用的草坪，并选用那些叶片细腻、弹性好、能够适应干旱和水浸、抵御极端温度、耐踩踏、抗病虫害的草种。根据广场的功能需求、主题和地理位置，合理种植常绿和落叶乔木，以确保广场具备良好的遮阴效果。同时，增加开花植物和观叶植物的种类，以丰富广场的绿化景观，使其更加生动和多样化（图7-5）。

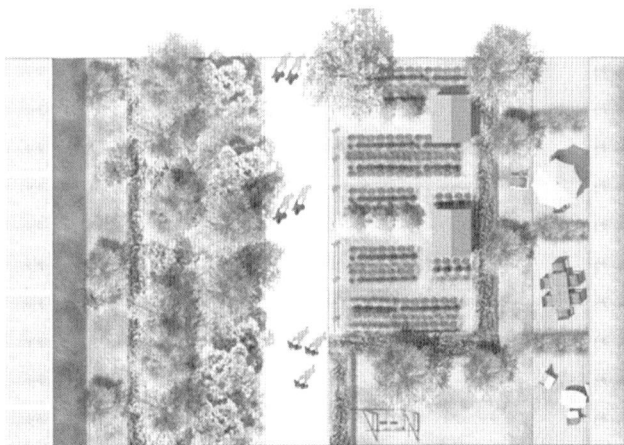

图7-5　栽植绿化设计效果平面（图片来源：研究团队绘制）

（二）人类系统

从人类系统角度分析，项目所在地道路形式单一且缺乏美观性。在居民对于绿色、低碳出行需求不断增加的情况下，出行模式依然老旧，未作出相应的优化措施，致使道路系统的压力不断提升。在此影响下，居民的出行时间被延长，进而容易产生视觉疲劳。同时，由于居民与机动车长时间并行，还可能导致呼吸问题的出现，由此，居民出行的体验感不断下降。根据以上问题，设计将从提高居民环境认同感以及提高居民出行幸福感两方面着手，提高通勤绿道的美观度，缓解道路系统压力，创建更符合当代通勤者的出行模式。

1. 提升居民环境认同

在绿道规划设计中，保留了城市原有的空间格局，沿用城市中原有绿地及水体资源，保留各个模块原有的特性，在此基础上去构建绿道系统，将多个绿色开敞空间进行串联，植入多样的节点特性提升整体环境的美感。此做法既保留了居民对居住环境的熟悉感，又提升了整体绿道环境的美感。绿道中景观节点设置与周围的环境进行融合，同时结合场地周边整体文化特性，融入历史元素，打造更具城市色彩的景观节点（图7-6）。

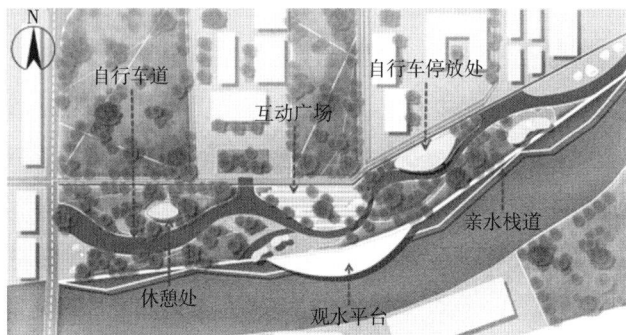

图7-6　绿道悦动广场节点平面（图片来源：研究团队绘制）

2.提高居民出行幸福感

呼和浩特市内道路形式单一，部分道路未实现人车分流，导致道路长时间处于拥堵状态，道路系统的压力也随之增加。为解决以上问题，设计从居民通勤出行出发，在居民通勤出行的密集区域，根据居民出行特征，增加专用骑行与步行通道，在节点处合理设置自行车停放处以及自行车服务站点，以满足居民绿色出行的需求。对于人车分流问题，设计对自行车道与人行步道进行人车分流，通过软隔离与硬隔离来实现（图7-7）。

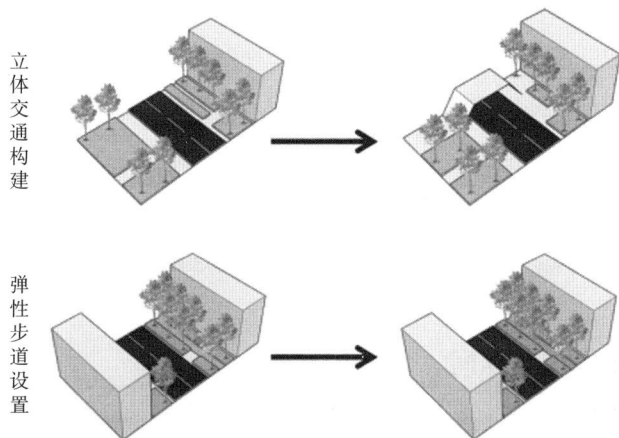

图7-7　绿道人车分流设置（图片来源：研究团队绘制）

（三）社会系统

从社会系统角度分析，环境建设应强调人的价值和社会公平，必须关心人的活动。在审视特定城市区域时，可以发现一些公园绿地的可达性不足，导致城市绿地系统发展不均衡，进而影响了绿地的使用效率。这种情况还可能引发城市热岛效应。以呼和浩特市为例，全市人均公园绿地面积相对较低，特别是在人口密集、土地资源紧张的选线区域，公园绿地的分布显得较为零散。

为了解决这些问题，需要对现有绿地进行重新规划和优化，提高其可达性和连通性，从而提升绿地的使用率和居民的生活质量。同时，通过增加绿地面积和改善绿地布局，可以缓解城市热岛效应，为居民创造更加宜居的环境。

此外，绿道作为链接各个区块的快捷通道，是促进人与人交流互动的桥梁，但场地内缺乏社区单元交流平台，不利于人与人之间的互动交流。基于以上问题，设计从优化公共绿色空间公平性和增加社区模块化交流平台设置两方面入手，解决现存问题，打造更符合居民交流互动以及具备景观公平性的绿道系统。

1. 优化公共绿色空间公平性设计

对于场地中存在景观公平性较低的问题，设计从提高各个公共绿色空间的可达性角度作为考量发现：不同类型的城市公园绿地可达性存在较大差异。在步行10分钟范围内，区域内中大型及大型公园绿地对人口的覆盖率相对较低，这主要是因为这些规模较大的公园绿地往往位于城市的边缘地带，距离居民区较远。然而，当步行时间延长至30分钟，小型公园绿地能够为更多的居民提供服务。同样，在骑行30分钟的距离内，中型公园绿地能够覆盖更广泛的人口群体。此外，场地内公园绿地的分布存在不均衡现象，这影响了居民通过步行或骑行方式到达公园的便利性。为了改善这一状况，需要对公园绿地的布局进行优化，以提高其对不同区域居民的可达性，确保绿地资源的公平享用。

根据上述研究，规划之初，专注于设计多样化的城市公园绿地系统，旨在迎合城市居民在不同休闲时段对于多样化出行方式的需求。通过打造功能丰富、类型各异的公园绿地，期望为居民提供更加个性化和便捷的绿色休闲空间。设计运用科学规划实现绿道及周边区域城市公园绿地的合理分布的方式，在绿道沿线的人口稀少地区，应开发小型绿地空间，同时利用现有的绿地资源扩展成中大型绿地。此外，通过合理规划条带状绿地，将不同的区域和绿地相互连接，形成连续的绿色网络，从而提高公共绿地的可访问性和服务范围。在人口密集区域，增设如社区公园等微型公园，以扩大绿地服务的覆盖面，缓解单个绿地的休闲使用压力。这样做不仅能为居民提供更多样化的休闲选择，还能提升城市公园绿地的整体布局合理性，确保城市景观资源的均等分配，实现城市绿地服务的公平性。另外，优化公园和绿地的管理策略，首先应从提升其可达性开始。这包括增设城市绿地的通道和入口，确保市民能够更方便地进入并享受这些自然空间。

增加城市绿地通行出入口，尤其是中大型绿地和大型绿地通行出入口，在小型未利用地块或大型商业设施的入口处增设社区公园，能够显著增强这些区域的服务功能。通过这种方式，可以为居民和顾客提供更加宜人的休闲空间，同时也增加了公共绿地面积，提升了城市环境的宜居性。对于交通设施及出行方式，设计主要针对绿道交通系统中交通设施和服务两方面进行完善，在道路中增设可快速通行的步行道与骑行道，采用多种步道的设计形式增添通行过程中的趣味性和观赏性，如步行道、骑行道、公共交通以及自行车驿站等。绿道交通系统的完善有利于满足居民绿色快捷出行的需求（图7-8）。

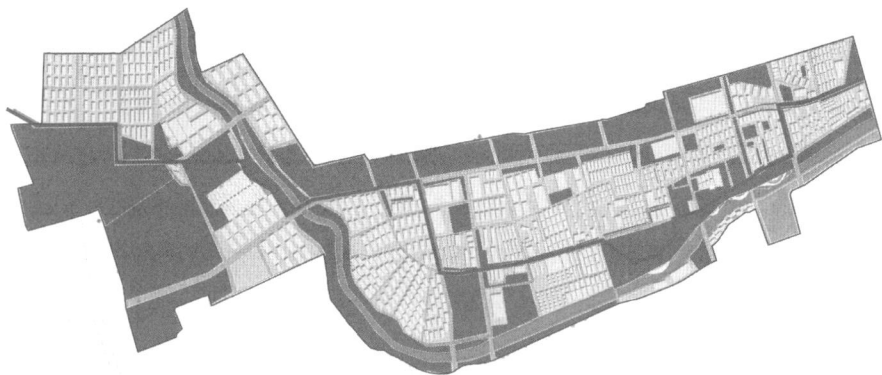

图7-8　绿道绿地设计分析（图片来源：研究团队绘制）

2.社区模块化交流平台打造

通勤绿道作为链接各个人口密集区的交通系统，原场地内缺乏社区与社区之间的连通性，且各个社区缺少用于居民活动的单元节点，不利于提升居民生活质量。设计在各个社区节点中植入社区模块化交流平台，每一模块都符合本社区的使用特性，有利于更好地解决居民的需求，促进人与人之间的互动，拉近邻里关系，提高居民生活幸福度。从压力缓解的角度对平台中的植物进行选择，可以大量种植绿色植物，使人们散步时的心情更加愉快和放松。间歇采用彩色材种，避免色彩单一暗淡，以丰富视觉体验。增加居住区内的植物多样性，引入外来树种以增加植物种类及数量，使得景观层次更加丰富。最大化发挥植物的自然特性，营造一个完整且绿色的社区景观，创造亲切、放松的氛围（图7-9）。

图7-9　社区模块化交流平台（图片来源：研究团队绘制）

（四）居住系统

从居住系统角度分析，呼和浩特市大部分居住区缺少配套的公共服务设施，居住区内空间有较多未使用处，模块与模块之间连接性弱，不利于实现绿道系统可达性的提高，设计从提高居住可达性以及进行居住区内绿色空间的优化两方面着手，注重反映地区特色，融合环境美学和社会文化元素，以解决现存问题并更好地适应不同居民的需求。合理的社区布局，可以促进邻里间的互动和交流，增强居民的归属感，从而提升居住的舒适度和便利性。

1.居住区可达性提升

呼和浩特市内交通网络不完善，导致选线范围内部分居住区可达性较低，不利于便捷出行。设计从提升居住区可达性着手，根据不同居住区出入口的设置特性进行优化处理，确保居民能够方便地出行，同时鼓励步行和自行车等健康、环保的出行方式。将多个居住区出入口高频使用点与科研办公区的高频使用点进行链接，提高绿道可达性，同时在拥堵路段设置专用绿道，优化交通网络，缩短使用者通勤时间。众多研究结果显示，人们普遍认为最适宜的步行时间为5min~10min，而对应的步行距离在300m~1200m。这一范围被认为是最舒适的步行体验，既不会让人感到过于疲劳，也能享受到步行带来的乐趣和健康益处。在便捷健康通行理念的指导设计下，设计将住区内主要的公共服务设施、学校等开放空间布置在居民5min步行可达范围内（图7-10）。

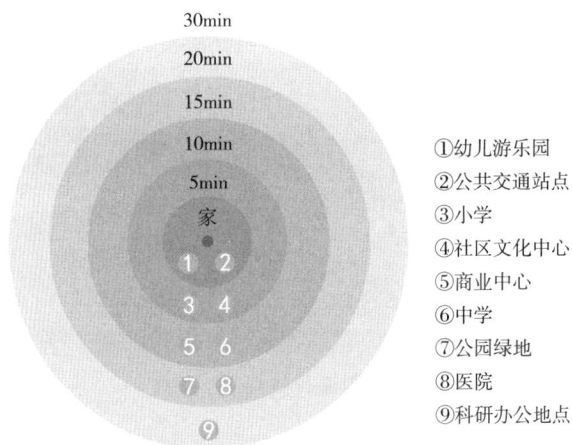

图7-10　设置居住区与公共服务设施之间步行时间
（图片来源：研究团队绘制）

2.居住区绿色空间优化

关于居住区内空间使用率低以及空间绿化率不足等问题，设计对不同居住区内绿化度以及空间利用率进行统计，在居住区内闲置的空间植入小型绿化景观，提升绿化覆盖度。沿街的居住区建筑立面，进行合理利用，利用攀援植物装点建筑外墙与立面，营造立体绿化景观。此外，针对居住区内部分小型空间，以此为单位，遵循乔灌草的空间配置原则，精心搭配植物，以达成美化效果（图7-11）。

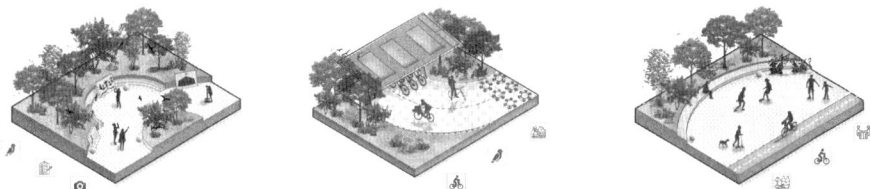

图7-11　社区景观节点植入（图片来源：研究团队绘制）

（五）支撑系统

从支撑系统角度出发，支撑系统作为人居环境中不可或缺的基础设施和服务网络，场地内交通网络结构不完善，无法满足在上下班时间点保持通畅快捷通行的条件。同时，针对居民绿色通行理念的不断提升，场地内并未设置相关的通行道路以及相对应的通行规则。在智能化、绿色化以及人性化的服务提升方面显示较多的不足，无法更好地推动居民绿色出行。基于以上问题，设计将从绿道交通网络优化以及增设骑行监测系统两方面着手，在解决以上问题的同时，打造更具便捷性、安全性和舒适度的绿道网络，同时促进社区活力和居民的社会福祉。

1. 绿道交通网络优化

对于原场地内交通网络结构不完善等问题，设计从优化公共交通网络着手。首先，在高频使用的地铁站点植入口袋公园，增设休息点和自行车服务站点，一定程度上缓解站点在拥堵时段的压力。其次，在整体绿道系统中建立专用骑行道路，贯穿绿道始终，沿路增设景观节点以及自行车停放点和自行车服务驿站，提高对通行者的服务度。最后，优化人车分离的交通结构，提升道路安全性。

在城市规划中，为了提升自行车骑行的安全性和舒适度，提出了自行车专用道的设计概念。在城市的生活性主干道上，自行车道应设计为独立的板块，通过设置立沿石、绿化隔离带或设施带来实现与人行道和机动车道的有效分隔，这样不仅保障了骑行者的安全，也便于与公共交通系统的顺畅接驳。对于交通流量较大的主干路，即使在空间受限的情况下，也应通过在自行车道与人行道之间布置绿化带或设施带来维持两者的分离。在特殊情况下，比如城市道路空间有限，可以在树池上安装树池板，既满足步行需求，又能通过间隔设置的设施带来实现对自行车和行人的温和分离，从而减少机动车与自行车的相互干扰。

通过这种方式的隔离，不仅可以减少自行车骑行者对机动车尾气排放的暴露，还能增加城市的绿化面积，提升城市景观。这样的设计旨在为自行车骑行者提供一个安全、清洁、宁静的交通环境，与喧嚣的机动车交通形成鲜明对比，鼓励更多的市民选择自行车作为日常出行的环保方式（图7-12、图7-13）。

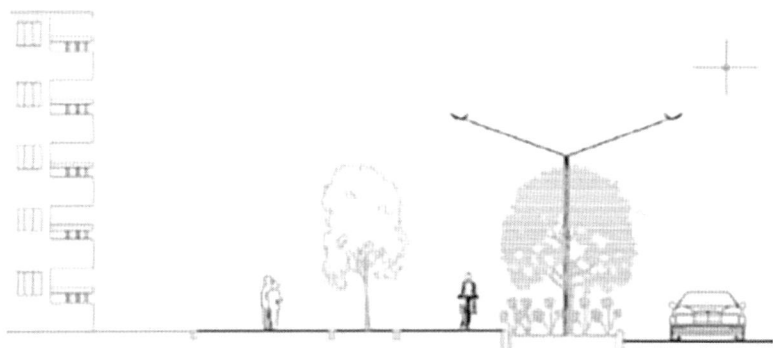

图7-12　人行道、自行车专用道、绿化带设置（图片来源：研究团队绘制）

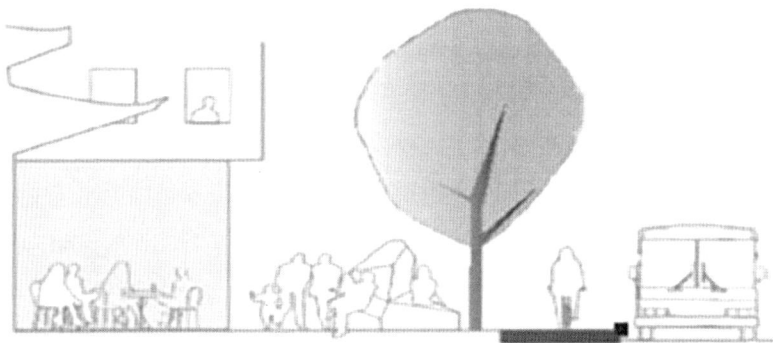

图7-13　自行车专用车道与人行道、机动车道组合设置（图片来源：研究团队绘制）

2. 智能骑行监测系统

为了鼓励更多的居民绿色出行，设计采用在各个骑行道路节点的出入口处设置智能骑行监测系统屏幕，居民可以通过手机端与屏幕进行链接，上传骑行数据或骑行需求，智能系统会通过汇总各个使用者的数据进行骑行路程排名，并在屏幕上显示最优名次，这一做法有利于鼓励居民绿色出行，更好地宣传绿色出行的理念，增加出行的趣味性（图7-14）。

图7-14 智能骑行监测大屏植入（图片来源：研究团队绘制）

第二节

觅野长卷：基于农耕文化下的吉日嘎朗图镇光前村乡村规划景观设计

一、总体规划

（一）设计背景

随着新型城镇化与乡村振兴战略的实施，传统村落的经济发展和文化传承成为一个值得深思的重要问题。传统村落在人口、产业、文化和生态环境方面逐渐衰落。因此，在乡村振兴背景下，对村庄进行科学的规划和建设是促进经济、文化交融的重要途径之一，也可以为农村居民创造一个良好的生态环境，实现城乡共同富裕。

　　本项目选取内蒙古自治区鄂尔多斯市杭锦旗吉日嘎朗图镇光前村为规划设计对象，在总结其特色资源与文化的基础上，对当前发展中存在的乡村景观规划和特色资源融合不足问题进行了深入调研分析。同时，积极探索其规划的可行路径，从人居环境五大系统着手，打造集赏、游、住于一体的乡村规划景观，从而达到完善村落的生态环境、提升整体居住环境舒适性、增加村落内的文化氛围的目的。

（二）场地基本现状

　　本方案项目地位于内蒙古自治区鄂尔多斯市杭锦旗吉日嘎朗图镇光前村。吉日嘎朗图镇，这个富有特色的小镇，坐落于杭锦旗的北部地区，被黄河的壮丽"几"字湾所环绕，西邻杭锦旗的呼和木独镇，南面则与辽阔的库布齐沙漠相连，而北面则隔黄河与巴彦淖尔市遥相呼应。镇内坐落着光前村，该村位于吉日嘎朗图镇的东北角，与镇中心区域紧密相依，黄河在村边蜿蜒流淌，形成了11km长的壮丽河段。

　　吉日嘎朗图镇光前村拥有坚实的农耕文化与河套文化基础，但在规划乡村建设的过程中仍面临一些困境。光前村当前面临基础设施薄弱、服务能力不足的问题，同时缺乏农耕文化资源的充分挖掘，乡村产业结构和特色资源融合亟待调整优化。因此，本设计将从光前村现有资源入手，挖掘村内自然资源、人文资源和社会资源，以"农田＋文化＋居住"为结构的规划策略，充分利用当地农耕文化、河套文化的地域文化特色资源，构建集赏、游、住于一体的乡村规划。

（三）设计概念

　　本项目旨在将吉日嘎朗图镇光前村的乡村规划景观融入设计并体现深厚的农耕文化。通过这一设计，意图呈现一幅跨越时空的"长卷"，它不仅展现了乡村的自然风光，更深入地挖掘和传承了乡村的农耕文化。"觅野"一词，寓意着对自然之美的追寻与发现。在光前村的乡村规划景观设计中，注重保护并合理利用乡村的自然资源，通过景观设计的手法，将乡村的自然景观融入设计之中，让人们感受到自然的和谐与宁静。"长卷"则象征着一种历史与文化的传承。在光前村的乡村规划景观设计中，深入挖掘当地的农耕文化，将传统的农耕元素与设计相结合，通过景观节点、雕塑、小品等形式，展现农耕文化的魅力（图7-15）。

① 入口景观
② 停车场
③ 智慧养殖园
④ VR凌汛体验点
⑤ 黄河水质净化实验点
⑥ 葵花迷宫
⑦ 原野观景台
⑧ 艺术造景
⑨ 葵花写生基地
⑩ 直升机台
⑪ 阿里巴巴空间站
⑫ 蔬菜世界
⑬ 边外露营
⑭ 葵千里
⑮ 沿河栈道
⑯ 民宿（民居改建）
⑰ 手捧奶茶（民居改建）
⑱ 临黄观景塔
⑲ 特色餐厅
⑳ 游客服务中心

图7-15 总平面图（图片来源：研究团队绘制）

二、人居环境分项设计

（一）自然系统

1. 保护与恢复生态系统

光前村为了扩大农业生产，将周边的林地和草地大量开垦为农田。这种大规模的农业开发活动导致了光前村周边的植被遭到一定程度的破坏，导致植被覆盖率不足，影响生态平衡和土壤保持能力。因此，在光前村的实际设计中对于环境方面采用了以下两种策略进行修复。

（1）引用乡土植物

在设计过程中深入调查了当地乡土植物资源，包括种类、数量、分布等，结合光前村为温带大陆性气候，且气候温差较大，晴雨风交替，土壤以栗钙土、棕钙土为主的实际情况，最终选择了适应当地气候、土壤等自然条件的乡土树种、草种以及灌木，并在苗圃中进行了培育。其中，树种有沙柳、柽柳、沙枣、山杏等；草种有寸草苔、羊草、马兰、蒲公英等；灌木有红柳、白刺等。在培育过程中，注重植物的健康生长和病虫害防治，确保引入的植物具有良好的生长状态。最后将培育好的乡土植物引入村庄周边进行种植，并根据种植规划进行合理布局（图7-16）。

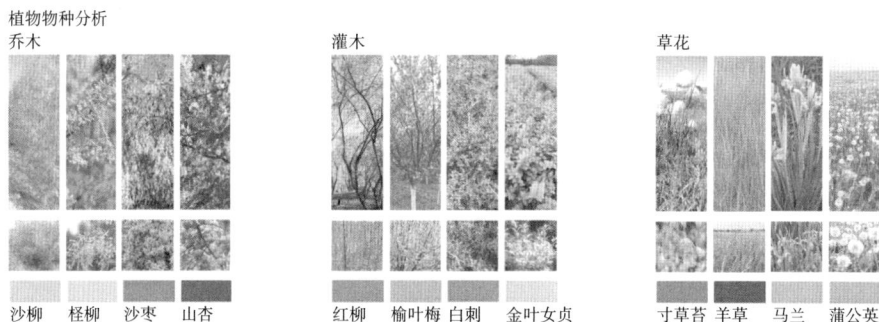

图7-16　植物分析图（图片来源：研究团队绘制）

（2）建立生态廊道

光前村对于防护林的建设，总体选用了根系发达、防风固沙能力强的杨树、柳树等，并按照规范的株行距进行种植，形成紧密的防护林带，确保能够有效阻挡风沙侵袭，保护村庄的生态环境。在绿化带的建设中，选择了丁香、连翘、红瑞木、沙地柏、石竹这一类耐寒耐旱，适合当地生长的花灌木和地被植物。通过搭配和布局，形成色彩丰富、层次分明的绿化景观（图7-17）。

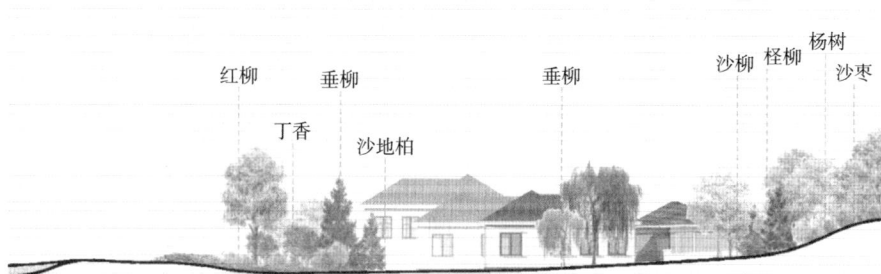

图7-17　植物剖面分析图（图片来源：研究团队绘制）

2.防止水土流失和土地沙化

在光前村，为了增加耕地面积，村民对土地进行过度开发，破坏了原有的植被覆盖，导致土壤裸露，易受风蚀和水蚀的影响，造成了水土流失和土地沙化的问题，影响土地的生产力和生态环境。在此设计中，水土流失、土地沙化的治理策略采用了生物措施和工程措施相结合的方法，通过种植耐旱、耐沙的植被，设置沙障、草方格等，固定沙丘，防止土地进一步沙化。另外引进和应用先进的科技手段，即遥感监测、地理信息系统等，对水土流失和土地沙化进行动态监测和评估，为科学治理提供数据支持，从而有效减少光前村的水土流失和土地沙化现象，提高村庄的生态环境质量（图7-18）。

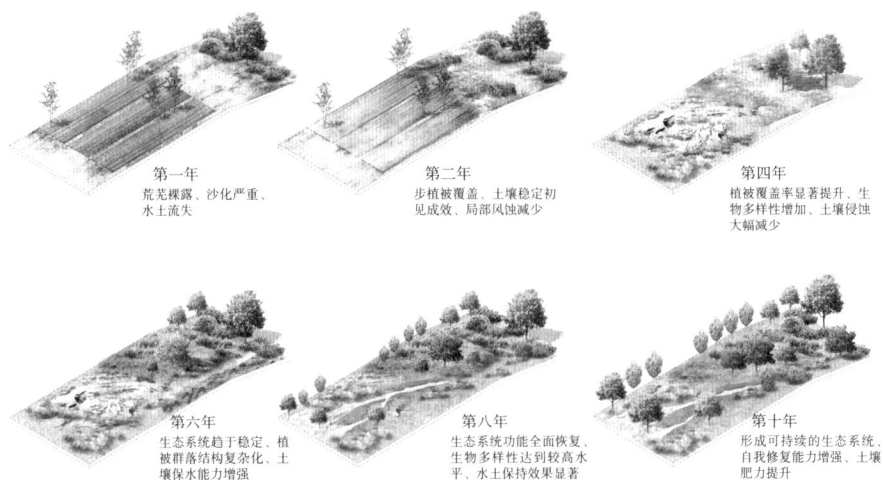

图7-18 生态修复策略图（图片来源：研究团队绘制）

（二）人类系统

1.提升生理健康与舒适性

光前村现有建筑在功能形态上表现出显著的单调性，缺乏应有的多样性，且空间布局规划显得杂乱无章，这极大地限制了居民日常活动的便捷性，并对居民的生理健康造成了显著的负面影响。为了应对这一挑战，本设计从建筑与空间的专业角度出发，提出了对现有空间流线优化与整合空间布局的策略。

根据居民的生活需求和活动特点，设计对居住空间的流线进行了优化，通过调查分析居民到达各区域的便捷性、道路通畅度，对于功能重复的平行道路进行整合规划，提高各区域的通达性。然后根据整合的道路将居住空间划分为不同的功能区域：居住区、公共活动区、休闲区，从而达到整合空间布局的目的。此外，在设计过程中，注重空间尺度与比例的把握，考虑到自然采光和通风的重要性。通过调整建筑布局和窗户设计，确保每个居住单元都能获得充足的自然光线和新鲜空气。这不仅提高了居住舒适度，还有助于保持室内环境的健康。通过以上措施的实施，光前村的设计方案在居住空间布局方面取得了显著的优化效果。居民可以享受到更加舒适、便捷和健康的居住环境，提高了他们的居住满意度和生理健康水平（图7-19）。

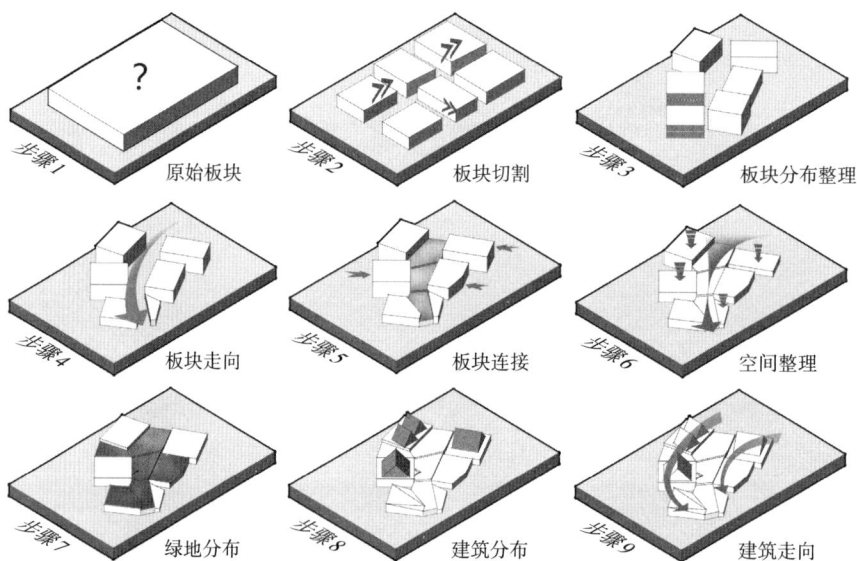

图7-19 空间优化策略图（图片来源：研究团队绘制）

2.满足心理健康与情感需求

在光前村的设计中，现有环境缺乏足够的绿地围合空间，这在一定程度上忽略了居民的个性化和私密性需求。为了提升居民的心理健康与情感满足，本设计引入绿地元素，构建一系列围合空间。在人群聚集的场所增加休息设施，形成小型停留空间。在路两侧的住宅区围墙一侧绿化带内，以丁香和连翘一类混合种植作为下层植被，辅以垂柳和国槐等乔木种植搭配，提高空间的私密性与舒适度，更好满足居民的生理和心理需求。通过这些设计举措，将全面满足居民在生理健康、心理健康以及行为模式等多方面的需求，进一步促进居民的整体福祉（图7-20）。

图7-20 休息空间效果图（图片来源：研究团队绘制）

（三）社会系统

1. 强调文化交融与空间焕新

在光前村改造的规划中，存在文化展示不够充分的问题，这影响了村落文化的传承与展现，需进一步强化文化元素的融入与展示。此方案通过设计开放的公共空间（文化广场、文化展示区），并融合当地的文化元素，以增强村庄的文化氛围。

文化广场的整体文化塑造以农耕文化为主要内容，通过对光前村当地的农耕文化与河套文化进行深入的调研与分析，提取农耕文化中独特的文化特征，即"日出而作，日入而息，凿井而饮，耕田而食"的农耕生活，将其以小场景复原的形式生动地展示出来。将农耕农具以单体形式绘制于部分建筑墙面，并对其进行科普介绍，在美化提升文化广场景观的同时，营造农耕文化氛围浓郁的公共空间景观，辅以农具、农作物构建的景观小品，体现独具民俗魅力的村落文化韵味，增加公共空间趣味性（图7-21）。

图7-21 文化广场效果图（图片来源：研究团队绘制）

2.注重文化传承与传播

在光前村的现行村落规划中，村庄独特的地域文化特色并未得到充分的体现和彰显，缺乏文化底蕴的展现。因此，此设计中将光前村当地特有的农耕文化、河套文化以及民风民俗进行提炼整合，通过策划和组织一系列民俗节庆活动、民俗艺术表演展示。鼓励居民参与传统文化的传承活动，提高居民的文化素养和认同感。

首先，在民俗节庆活动的策划上，设计结合当地的历史传统和节日习俗，打造具有鲜明地域特色的节庆活动。除庆祝传统节日之外，还有杭锦旗剪鬃节，通过丰富多彩的仪式、游戏和表演，让居民亲身参与，感受传统文化的魅力。其次，在民俗艺术表演方面，邀请当地的民俗艺术家和表演团体，展示具有地方特色的民俗艺术，即鄂尔多斯短调民歌、古如歌（长调民歌）、漫汉调等。这些表演通过精湛的技艺和生动的表演，使居民领略到传统文化的独特韵味（图7-22）。

（四）居住系统

1.优化整理居住空间形式

光前村当前建筑风貌呈现多样化与自由发展态势，导致村落整体建筑布局

图7-22　传统节庆表演效果图（图片来源：研究团队绘制）

显得杂乱无章，缺乏统一的规划与管理标准。针对此问题，设计将实施整体规划与风貌整治策略，以传统元素为基础，统一建筑风格，提升村落整体形象，从而创造更加宜居的人居环境（图7-23、图7-24）。

图7-23　沿街建筑效果图（图片来源：研究团队绘制）

图7-24 建筑墙绘效果图（图片来源：研究团队绘制）

（1）旧料新用

动员村民们把原场地的建筑材料和垃圾清理干净，把能使用的砖瓦、石块、木材等建筑材料收集起来，作为工程的施工原料。充分体现光前村的乡土气息，还原传统村落的原始风貌，保留村民们的乡土记忆，辅以农耕文化叠加元素，并与村内景观进行结合。

（2）元素融合

在主街道毗邻的建筑外立面上，绘制反映农耕文化的墙绘作品，以艺术手法呈现光前村深厚的历史底蕴与文化风采。通过创意的绘画，展现农耕文明的精髓，为村庄增添独特的文化魅力。

（3）色彩统一

在建筑色彩上，保持夯土房与砖房的原有色彩肌理，主要整改沿街建筑的墙体及屋顶等的颜色。对砖房、新建民居进行色彩统一，老式民居在其中进行点缀，在相对统一的基础上又不失多元变化。

2. 提升居住建筑结构质量与舒适度

光前村原有的院落建筑为典型的灰砖灰瓦土木结构的建筑，其破损程度不一，由于长期缺乏系统性的维护与管理，导致其结构材料显著老化，多处出现显著的破损与劣化现象。随着时间的推移，未经及时修复的建筑结构逐渐丧失原有的承载能力与稳定性，形成安全隐患，并极大地恶化了村内的居住环境，降低了居住舒适度。

乡村新翻修了院落，盖了一些楼房，但翻修的院落基本上将原有砖木结构转为了砖瓦结构，正房正面墙体、南房墙体以及大门基本采用瓷砖贴面，但每家每户的瓷砖选用不一。其建筑风格整体上缺乏统一，显得非常突兀，村落风貌整体上不协调。

新翻修的院落由于房屋占用的面积比较大，庭院的面积相对比较小，院内基本为水泥或瓷砖铺面，只留有少量的地方栽植植物，或摆放几个盆景，院内绿化景观面积较小。因此，提出以下针对性的策略来解决这些问题，旨在为居民提供舒适安全、宜居的居住空间。

（1）结构加固

针对建筑结构老旧的问题，设计将采用传统技法和现代钢架结构相结合的方式进行加固。对于传统民居，设计运用传统的木构架修复技术，对腐朽或破损的木料进行替换，同时加固结构节点，确保建筑的稳定性。对于现代建筑或需要更大承重能力的结构，将引入钢架结构进行结构置换，通过钢梁、钢柱等构建稳固的框架，以提高建筑的抗震、抗风等能力。

（2）外观修复

针对建筑外观破损的现象，进行细致的修复工作。对于砖石墙面的破损，采用相同材质和工艺进行修补，保持建筑外观的统一性。对于屋顶瓦片的破损，在设计中选择相同规格和材质的瓦片进行替换，确保屋顶的完整性和防水性能。

（3）扩大院落绿化

在乡村院落进行规划整治时，首先对现有乡村院落进行归纳分析，对于具有传统价值的乡村传统式院落进行维修保护；对于乡村聚落中现代的合院形式，基于环境发展以及居住需求，适当地拆除原有的东西厢房，扩大院内的绿化面积，评估哪些区域可以被转化为绿地，如原有的硬质铺装区域、未充分利用的空地，以及可以优化布局的边角区域。根据院落的整体风格和居民的生活需求，在院落中心或边缘设置绿地，或者沿着建筑边缘布置绿化带。在尽量维持其原有样式的前提下进行改造（图7-25）。

图7-25　院落效果图（图片来源：研究团队绘制）

（五）支撑系统

1.完善与更新基础设施

光前村基础设施服务体系存在显著不足，亟待改进与提升。具体而言，当前垃圾处理设施散乱无序、管理不当，导致异味弥漫，影响居民生活质量及村庄环境。此外，公共服务配套设施的数量明显不足，难以满足村民日益增长的需求。同时，居民公共活动空间匮乏，限制了村民之间的社交互动与文化交流。

因此，设计将光前村内原有的超市、餐馆和卫生所进行保留，并在村内设置垃圾转运站，用于集中处理各种生活垃圾，减少蚊蝇滋生和二次污染。另外，依据人群密集路段增加休息设施、卫生设施的配置数量，人群稀少路段增加照明设施、安保设施数量。公共设施方面，遵循一屋多用的原则，充分考虑居民需求，增加文化设施，利用现有废弃建筑，新增图书室、村文化站、村民活动中心。在靠近图书室、村文化站、村民活动中心等区域增设当地特色农耕文化相关知识宣传栏，通过公共文化设施布局设计提升村民的文化教育生活（图7-26）。

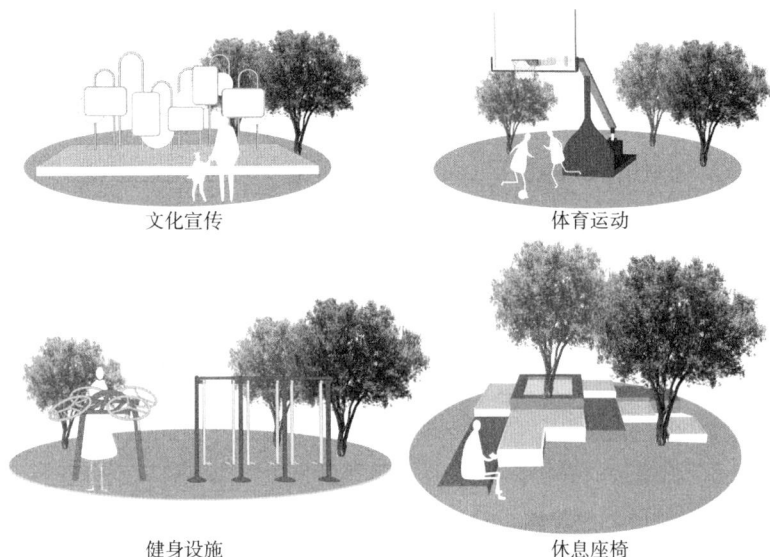

文化宣传

体育运动

健身设施

休息座椅

图7-26 基础设施策略图（图片来源：研究团队绘制）

2.合理规划交通与出行系统

主要道路是村落与外部环境联系的重要途径。光前村原有的村内道路规划存在显著问题，主要表现在人车混行严重、交通流线混乱、缺乏明确的行人及车辆分流设施。此外，道路破损现象普遍，路面不平整，存在裂缝、坑洼等安全隐患，严重影响了村民的出行安全及村庄的整体形象。设计将从人车分流规范布局和道路景观优化升级两方面着手解决现存问题，实现交通规划合理的目的。

（1）人车分流规范布局

光前村道路优化从安全性的角度出发，通过实地观测和问卷调查，收集村民日常出行模式及车辆使用情况数据，结合村庄布局和道路规划，识别人流与车流交织的关键区域，将其分为车行道与步行道路，村干路保证人车分行，通行顺畅。车行道设置明显的交通标识和标线，以指导车辆行驶，减少交通混乱。步行道路设置合理的宽度和缓冲区，以确保行人有足够的空间行走，避免与车辆发生冲突。此外，步行道路还设置了照明设施，以提高夜间行走的安全性。

（2）道路景观优化升级

车行路是村庄的次级道路，采用沥青路面铺装。村内道路景观优化结合当地的自然人文环境,利用植物与花草进行修饰点缀,并清除违规建筑对村内街道的占用,营造干净整洁的道路环境。步行路是村民交流、务农、通行等人为活动的重要空间,在材质的选择上延续原始村庄街巷空间的基本色彩,针对路面破损点,采用热沥青摊铺机进行精确填补,辅以压路机压实,确保路面平整与稳固。整个设计遵循原有街巷的结构、尺度,避免原有街巷与更新街巷不协调(图7-27、图7-28)。

图7-27 村主干道效果图(图片来源:研究团队绘制)

图7-28 村内道路效果图(图片来源:研究团队绘制)

第三节

溯野归源：基于城市荒野理念的内蒙古师范大学校园滨水景观设计

一、总体规划

（一）设计背景

随着城市化进程的加快和人口密度的增加，校园内的荒地逐渐成为一种资源待开发的重要空间。荒地往往被视为无用之地，但若能合理设计并加以利用，可以为校园社区带来显著的环境与社会效益。设计一个公共休憩场所，不仅能够美化校园环境，还可以为师生提供一个舒适、便利的休闲和交流空间，增强校园的凝聚力和归属感。

（二）场地基本现状

本设计场地位于内蒙古自治区呼和浩特南部和林格尔区的内蒙古师范大学（盛乐校区）东北角的一座水库及周边绿地。场地距离呼和浩特城区市中心约48km。设计场地拥有十分便捷的交通条件，盛乐北街、师大东路、盛乐大街、苏北线城市主干道分布四周。场地内校园道路交错相连（图7-29）。

呼和浩特和林格尔区处于温带大陆性气候区，年平均气温为11℃，年平均降水量254mm。春季干旱少雨且多大风、夏季高温多雨、秋季较短且干旱、冬季寒冷且漫长。设计场地位于学校内，总面积约为0.72km²，红线总长度4.4km。场地内包含一条河流，水面占场地面积约70%。场地整体地形较陡，陡坡集中位于河岸与河堤间。平均高差为4.5m，最大高差为8m，最小高差为1m（图7-30）。

图7-29 场地周边路网（图片来源：研究团队绘制）

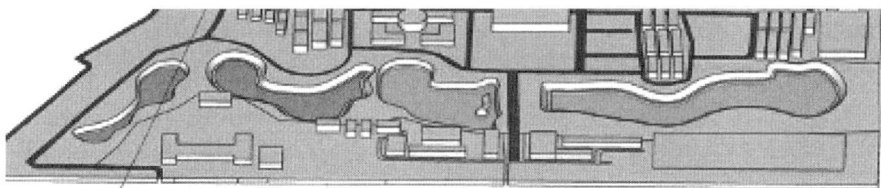

图7-30 场地地形示意图（图片来源：研究团队绘制）

（三）场地变革

1990—2009年，该场地内主要分布着一些村民自建房，显得较为零散。2010年，随着内蒙古师范大学盛乐校区建设计划的启动，场地内的建筑物开始陆续拆迁，为新校区的建设腾出空间。至2014年，场地周边的新校区建设已基本完成，但该场地内的具体设计和利用仍未启动，场地处于闲置状态。

2014—2017年，虽然校区周边的基础设施逐渐完善，但该场地依旧未被充分开发和利用，成为校区内的一片荒地。2018年，校方开始尝试将该场地改造为校园景观，希望提升校园环境和师生的生活质量。然而，由于设计和施工方面的多种问题，该改造项目并未达到预期效果，场地的利用率和美观度均未能显著提升。

（四）场地问题

场地内存在较为突出的空置问题，主要原因有两点：首先，场地景观品质有待提升。虽然场地内有道路和少量公共设施，但其美观度和实用性均存在不足。道路规划不便捷，公共设施配置不合理，绿化设计单调，未能吸引师生停留和使用。其次，人地关系结合薄弱。现有设计未充分考虑师生的实际需求和使用习惯，缺乏能激发参与和互动的功能区，如活动场地和休闲区域，导致场地吸引力和利用率较低。

（五）设计概念

此设计旨在探讨如何将校园荒地转变为一个多功能的生态公共休憩场所，通过综合考虑生态效益、功能需求和美学价值，以城市荒野为理念，注重改造场地内河岸与水面、河岸与河堤绿地之间的区域。

设计采用"溯野归源"的理念，将场地由北向南划分为三个区域，分别命名为"溯野""拾野"和"归野"。这三个区域分别代表了回想自然、重现自然和回归自然的不同层次。"溯野"区域强调回想自然，通过保留原始地貌和植被，引导人们追溯自然的本源；"拾野"区域则致力于重现自然，利用自然元素和景观设计，重构人与自然的互动空间；"归野"区域旨在回归自然，创造一个开放、包容的绿地环境，使人们在自然中找到归属感和放松感。整体设计旨在通过合理的空间布局和功能分区，将人群引入场地，拥抱自然，实现人与自然的和谐共生（图7-31）。

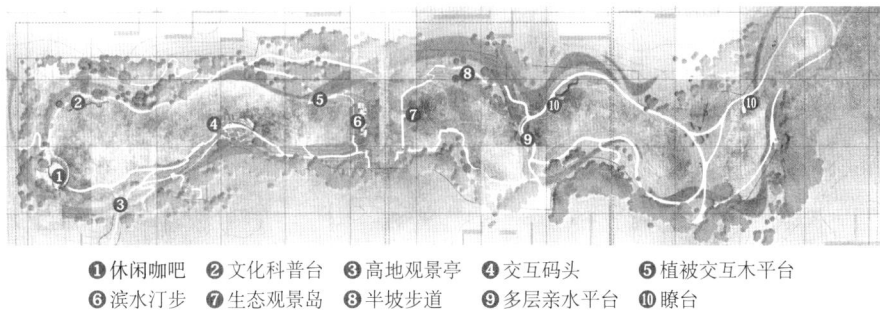

❶休闲咖吧 ❷文化科普台 ❸高地观景亭 ❹交互码头 ❺植被交互木平台
❻滨水汀步 ❼生态观景岛 ❽半坡步道 ❾多层亲水平台 ❿瞭台

图7-31 溯野、拾野、归野（图片来源：研究团队绘制）

二、人居环境分项设计

（一）自然系统

由于"溯野"区域内场地存在大量陡峭的河岸坡地，植被难以附着，因此原生植被主要为低矮灌木，视觉上较为单调。相比之下，"拾野"区域的地形相对平缓，但沼泽区域较多，因此主要植被为水生芦苇与灌草，视觉上同样较为单调。而在"归野"区域，河岸坡地非常平缓，植被主要由高大乔木与灌木组成，具有一定的层次感。综上所述，场地植被层次的优劣主要受到场地坡度与土壤占比的影响。以下内容将从自然系统的角度依次对如何修复土壤、如何稳定土壤结构、如何重塑自然景观的层次三个方面进行详细说明。

1.修复土壤

当土壤初期相对贫瘠时，主要原因是土壤缺乏必要的营养与有机物，这会导致植物生长受限。为了解决这一问题，本设计采用了多种土壤叠加的方式。具体操作为通过添加堆肥、腐殖质等不同类型的土壤材料，来改善土壤的物理结构和养分状况。

图7-32展示了自然—坡地修复的过程。最初阶段，由于土壤贫瘠，植物难以生长。通过堆肥和腐殖质等土壤材料的叠加，逐步提升土壤肥力和改良土壤结构。这些措施不仅增加了土壤的肥力，还提高了土壤的保水能力与透气性。第一年：土壤贫瘠，植物生长困难。通过加入堆肥和腐殖质等改良土壤的材料，初步改善土壤环境。第三年：随着土壤逐渐恢复和激活，土壤结构和养分状况得到显著改善，植物开始茁壮成长，植物与土壤互补。第五年：土壤修复基本完成，恢复了营养和水分，形成健康的土壤状态。

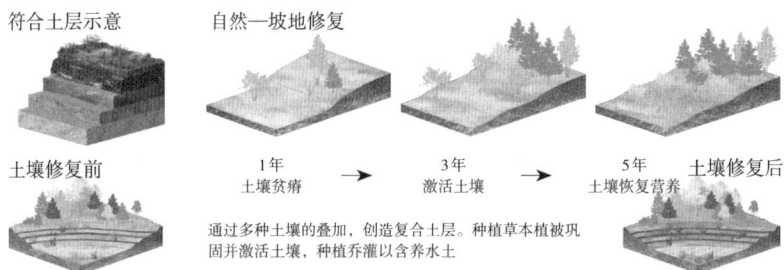

图7-32　土壤叠加修复法（图片来源：研究团队绘制）

2.稳定土壤结构

当出现斜坡或坡面时，通常会容易导致土壤养分的流失与土壤结构的恶化。这种现象不仅限制了水分和空气的有效渗透，还会产生潜在的安全隐患。为了应对这一问题，本设计提出了一种通过植被覆盖来稳定土壤结构的解决方案。具体措施包括种植草本植物和灌木，利用这些植物的根系来固定土壤，从而稳固坡面。

从图7-33可以看出，坡地修复的过程可以分为三个阶段。第一阶段是坡地的原始样貌，这一阶段的坡地相对平缓，但土壤结构较为脆弱，容易出现养分流失的问题。为了改善这种状况，在第二阶段，进行乔灌植被修复，种植植被并在坡地上覆盖涵养水土。通过这种方式，植被的根系深入土壤，固定了土壤结构，增强了坡地的稳定性。在第三阶段，坡地上覆盖了更为丰富的植被，形成了一个完整的生态系统，植被自然生长，进一步稳固了坡地，并显著改善了自然生态。

植被覆盖作为一种有效的生态工程手段，能够在多个方面起到积极作用。首先，草本植物和灌木的根系深入土壤，不仅能有效防止土壤颗粒的流失，还能通过根系的网状结构增强土壤的凝聚力，改善土壤的稳定性。其次，植物的地上部分通过对雨水的截留和缓冲作用，减少了雨水直接冲刷土壤表面的强度，降低了水土流失的风险。此外，植被的存在还可以增加土壤的有机质含量，改善土壤的结构和肥力，进一步促进了生态系统的可持续发展。

在具体实施过程中，选择适宜的草本植物和灌木种类尤为关键。这些植物应具备较强抗逆性和适应性，能够在贫瘠的土壤和恶劣的环境条件下生长良好。同时，还需要考虑植物根系的深浅和分布，以确保其能够有效地固定土壤，并在短时间内形成较为稳固的植被覆盖层。

图7-33　植被固定土壤的演变（图片来源：研究团队绘制）

3.重塑自然景观的层次

（1）"溯野"区域

"溯野"区域的主要问题在于陡峭的河岸坡地，导致植被附着力和存活率较低，从而造成植被稀疏，生长状态较差。为了解决这一问题，可以对陡峭坡地进行工程改造，例如，采用植被护坡的方法，在坡面铺设植生袋、植生毯等生物材料。这些措施能够有效促进植物根系的固定和生长，从而逐步提高植被的覆盖率和多样性。

在稳定坡面土壤结构后，可以引入适应性强的本地物种，通过混合种植低矮灌木、地被植物以及耐旱草本植物，增加植被层次的丰富性。结合水土保持植物的种植，如狗牙根、披碱草等，这些植物能够在坡地环境中形成良好的植被覆盖，增强土壤的稳定性和抗侵蚀能力。

（2）"拾野"区域

"拾野"区域主要存在的问题是沼泽地与水域面积较大，可以通过营造多样化的水生植物群落，提升视觉效果和生态价值。引进不同高度和生长习性的水生植物，如芦苇、香蒲、黄菖蒲等，形成立体的植物结构。同时，适当引入一些挺水植物和漂浮植物，如睡莲、荷花等，增加景观层次和观赏性。

（3）"归野"区域

与"溯野"和"拾野"区域相比，"归野"区域的植被丰富度和土壤结构相对理想。在优化植被层次时，应充分利用该区域地形平缓和土壤条件较好的优势，营造多层次、多样化的植物群落。通过种植高大乔木、灌木和草本植物，形成乔、灌、草相结合的立体绿化结构。此外，可以引入一些开花植物和果树，丰富植被层次和色彩，从而提升该区域的生态功能和美学价值（图7-34）。

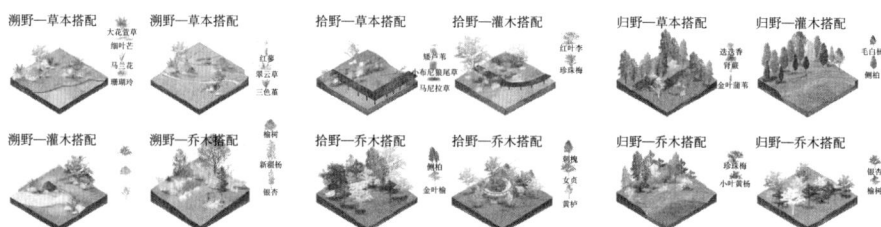

图7-34　自然景观层次的塑造（图片来源：研究团队绘制）

（二）人类系统

1.情感营造

原本场地存在严重的人地矛盾问题，其中如何引导人们进入场地，以及场地所提供的体验缺乏明确规划变得尤为突出。基于这些问题，本设计对场地进行了空间改造，以提供更为舒适的感官体验。此处通过三则具体改造方式来解释：

入口空间：通过设置草坪并设计向外开放的入口平台，营造出一种欢迎感，使人们更愿意进入场地。

休憩空间：座椅与场地地形轮廓贴合，并配以树凳，既塑造了私密空间，又将休憩空间与自然景观相结合。这不仅为休憩者提供了隐私感受，也为需要独处的人群提供了合适的空间。

景观构筑物：在重要景观节点设置具有特定意义或大众共识的景观构筑物，为人们提供共鸣的场地标志（图7-35）。

图7-35 空间的塑造（图片来源：研究团队绘制）

2.私密环境营造

场地原有的植被生长相对稀疏，空间布局较为简单，以开放性空间为主。这类空间主要集中在"溯野"和"拾野"区域，使人们在使用空间时缺乏隐私，私密性较弱。为了解决这一问题，本设计通过自然植被和岩石土丘的围合，营造出更具私密性的空间。具体设计方法包括以下两种类型：

地形营造：利用场地的自然形态，通过岩石和土墙进行围挡，并结合高大灌木的掩护，塑造出高度私密和隐蔽的空间感受。

植被营造：在场地的坡面上种植高大灌木，在相对平坦的区域种植低分支点的乔木，使道路空间变得更加私密，营造出密林小径的氛围，从而为人们提供幽静和祥和的体验（图7-36）。

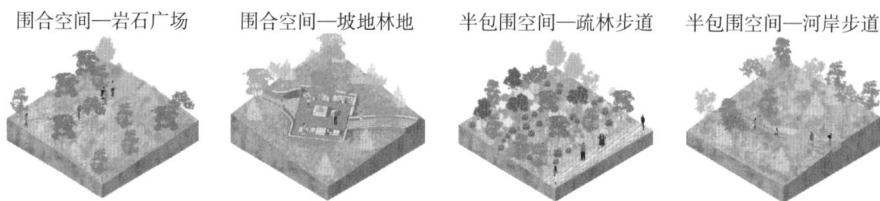

围合空间—岩石广场　围合空间—坡地林地　半包围空间—疏林步道　半包围空间—河岸步道

图7-36　私密空间的营造（图片来源：研究团队绘制）

（三）社会系统

该场地存在校园互动、归属感和整体生活质量较低的情况。这些问题难以适应未来场地的延续与发展。针对此问题，可以通过以下四点来解决。

1.加强人群参与

在初步规划阶段，通过建立多层次的参与机制，鼓励学生和教职工积极参与滨水绿地的设计、建设和维护。设计中采用定期举办设计讨论会和反馈会的方式，并使用社交媒体和校园公告板推广这些活动，确保广泛参与和意见的多样性。让学生和教职工在初步规划阶段提出自己的建议和需求，提高他们对场地的认同感和归属感。

2.功能动态部署

考虑到校园社区的多样性和动态变化，设计中应灵活安排绿地的功能区。通过设置多个可以调整用途的开放草坪、临时展览区和流动摊位，以适应不同时间段和活动需求。同时，定期监测校园人口变化和需求趋势，调整绿地的使用功能和管理策略，确保其始终能够满足社区成员的多样化需求（图7-37）。

3.打造服务

设计在"溯野"区域安置了一座集绿地服务、读书、咖啡、手工艺品展示于一体的户外咖吧，以满足校园成员的日常需求，同时也提供了在校兼职的就业机会。咖吧的平面图与室内剖面图如图7-38所示，通过这些设计，不仅提升了服务质量，也增强了场地的吸引力和功能性。

图7-37　多样化功能区（图片来源：研究团队绘制）

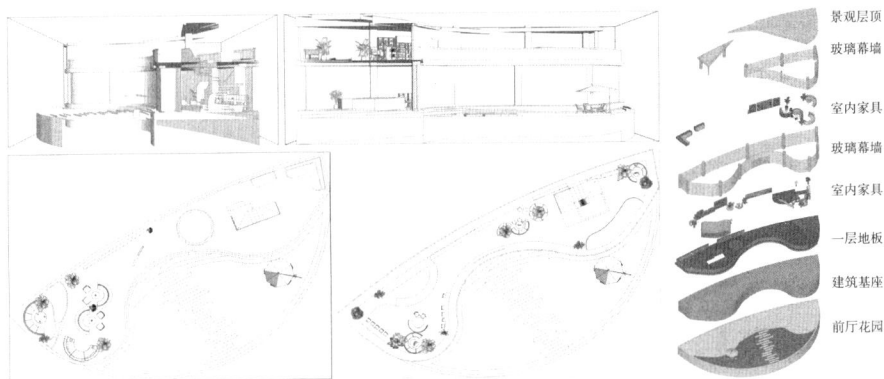

景观层顶
玻璃幕墙
室内家具
玻璃幕墙
室内家具
一层地板
建筑基座
前厅花园

图7-38　户外咖吧（图片来源：研究团队绘制）

这些改进措施旨在提升场地的互动性和归属感，确保其能够适应未来的发展需求，并提高校园生活的整体质量。

4. 校园文化建设

通过在滨水绿地中融入校园的文化特色和传统，可以创造一个独特且具有吸引力的环境，例如设立节日庆典区和布置艺术装置，展示校园的文化底蕴和艺术风采。与校园内的文化社团和艺术团体合作，定期策划和举办各种文化活动和艺术展览，如书法、绘画、雕塑展览，以及戏剧、音乐、舞蹈表演，不仅能展示师生的才艺和创造力，还能丰富社区成员的文化生活。这些活动不仅能吸引更多人参与，形成积极向上的文化氛围，还能增强社区成员的文化认同感。通过参与和欣赏活动，成员们能更好地了解和认同校园文化，提升对校园的归属感和认同感，促进社区的和谐与团结。

（四）居住系统

1.居住的自然环境营造

场地周边建筑主要为居民楼和学生公寓。原场地靠近居民楼和学生公寓的区域主要由道路和没有植物种植的土地组成，人群聚集在附近，容易产生噪声，从而影响周边居民的生活。同时，居民建筑的底层景观杂乱无章，且易出现绿地缺失的问题。针对这些问题，本设计通过将靠近学生公寓和住宅区的公园区域设置为绿地，主要种植分支点较低的乔木和高大灌木，在不遮挡阳光的前提下，尽量确保场地的安静和美观。主要的美化区域为鸿蒙餐厅两侧、学生公寓前、家属区和居民区相接的绿地。

2.居住的公共空间设置

靠近居民区的场地往往缺乏广场、平台等公共区域，这种情况显著影响了居民的生活质量。缺少这些公共区域，居民们很难有一个集体活动的场所，从而导致了社区内聚集性活动的减少。居民们没有合适的场所进行社交、娱乐和锻炼，影响了他们的身心健康和生活满意度。为了解决这一问题，通过增设广场，可以有效地为周边居民提供一个理想的活动场所。这不仅能够满足居民的休闲、娱乐需求，还可以促进邻里之间的互动和联系，增强社区的凝聚力和归属感。增设广场等公共区域，将极大地优化居民的居住体验，提高他们的生活质量，从而营造一个更加和谐、健康的社区环境（图7-39）。

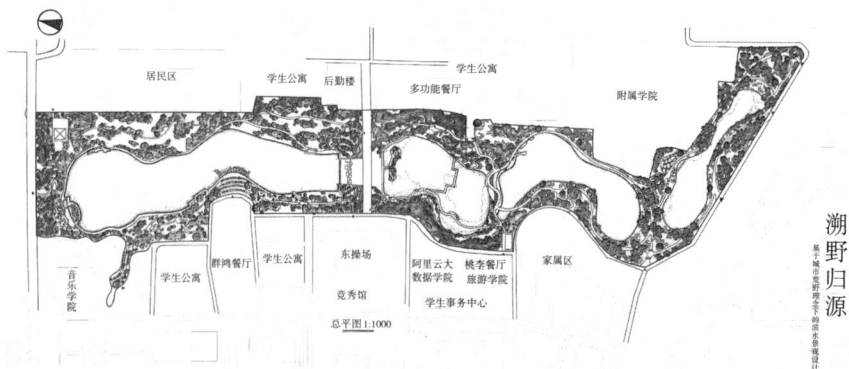

图7-39 场地公共空间设置（图片来源：研究团队绘制）

（五）支撑系统

1.道路系统重塑

场地原本的道路结构单调，没有主次路的区分，导致场地内人流混乱且无序。本设计通过重新设置三个等级的道路系统来疏导杂乱的交通流线，使场地交通更加连贯有序。首先，连接了原有场地的道路交通，并明确划分了道路等级。一级道路主要承担主要人流动线的功能，确保了人流的主要通道畅通无阻。二级道路的设计旨在分担一级道路的压力，提供多样化的动线选择，使人流分布更为合理。三级道路则负责连接主干道路和私密环境，保证了场地内各区域的有效联通与私密性。通过这种道路系统的重新规划和设置，场地内的交通流线变得更加清晰有序，人流动线得到了有效疏导，整体环境的功能性和舒适度得以提升（图7-40）。

图7-40　场地交通（图片来源：研究团队绘制）

2.场地智能监测系统构建

场地内存在大量陡坡和大量水面，这增加了场地的安全隐患。因此，建立一套完整的智能监测系统尤为重要。本设计通过引入一套智能监测系统，旨在预防可能存在的各种隐患。该系统采用现代AI技术，能够识别场地内的人类及其行为动作，从而预判监测范围内的对象是否面临危险（图7-41）。

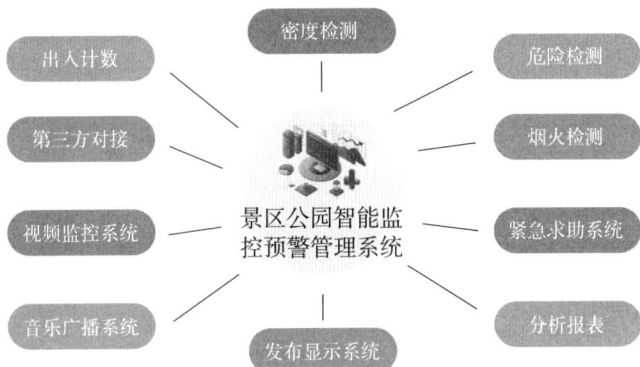

图7-41　智能监测系统（图片来源：研究团队绘制）

第四节

新野之息，绿茵绮境：基于慢城理念下的盛乐新区城市设计

一、总体规划

（一）设计背景

随着城市化进程的加快，城市土地资源的稀缺性和居民对生活质量要求的不断提高，迫切需要对城市中的闲置或未充分利用的场地进行科学合理的规划与改造。设计旨在通过对生态、社会和人类活动的多重维度考量，打造出一个宜居、可持续发展的居住环境。

（二）场地基本现状

本设计场地位于内蒙古自治区呼和浩特市和林格尔区，作为新城开发地块，该地块处于城市边缘地带，内部现状较为复杂且周边基础设施相对缺失，但具有显著的交通优势和土地利用潜力；目前主要为废弃工业平房和部分闲置空地；周边社区居民密度较高但设施匮乏。因此，需要通过科学合理的规划和设计，提高社区服务水平和居民生活质量，推动区域的可持续发展。

该地块总面积约为2.8km²，规划用地性质为商业区。以办公楼与商务综合体为主。场地内分为四大地块，其中A-02-04地块为绿地，A-02-02与A-02-03楼体高度需控制，A-02-01则需要高层建筑（图7-42）。

（三）场地变革

场地变革的目标是将当前的闲置和未利用土地转变为一个多功能的综合居

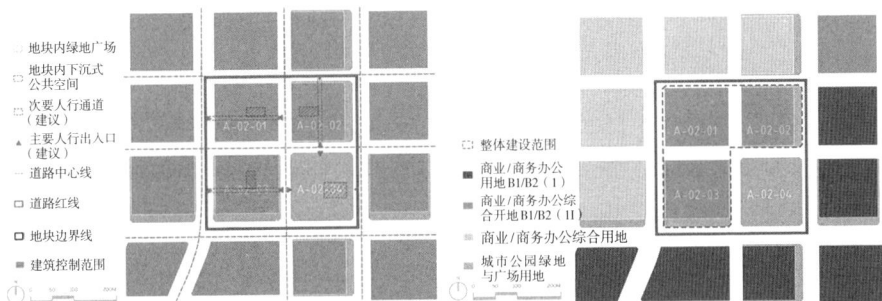

图7-42 用地规划图（图片来源：研究团队绘制）

住区，通过合理规划和设计提升土地利用效率和居住环境质量。变革措施包括生态修复，通过恢复场地内的自然景观来提高生物多样性；功能调整，将原有的工业用地转变为居住、商业和公共服务设施；基础设施升级，完善场地内的道路、供水、排水、电力等基础设施建设，以全面提升综合办公区的整体功能和环境质量。

（四）场地问题

污染问题：工业遗留污染较严重，需要进行彻底的环境治理。

基础设施不足：现有基础设施不能满足未来高密度居住的需求。

社会问题：社区设施缺乏，居民生活质量不高，社会矛盾隐患存在。

（五）设计概念

设计概念基于"生态优先、以人为本、综合发展"的原则，旨在打造一个绿色、健康、和谐的现代化社区。具体思路包括：通过恢复和建设自然系统，提升场地的生态价值，以生态设计为核心；注重社区居民的生活需求，提供多样化的生活设施和服务，实现人性化设计；整合居住、商业、教育、医疗等多种功能，形成一个多功能的综合社区，确保社区的综合功能和可持续发展（图7-43）。

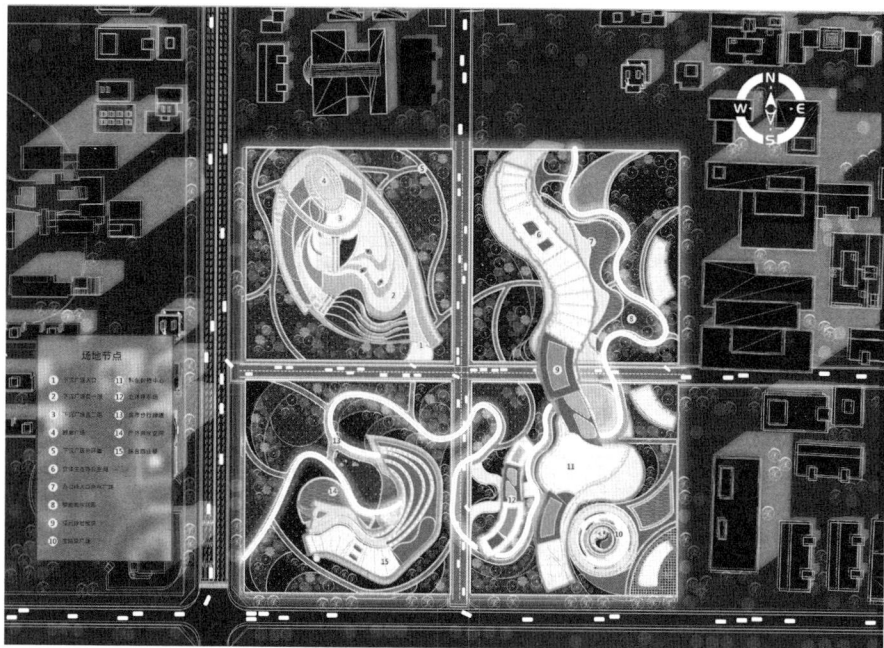

图7-43　设计总平面（图片来源：研究团队绘制）

二、人居环境分项设计

（一）自然系统

在人居环境设计中，自然因素在规划和设计过程中起着重要作用。综合考虑生态、气候和地理等条件，不仅能提升居住的舒适度和健康性，还能促进生态平衡和可持续发展。在具体实施中，自然系统设计应关注绿化和水体的修复与建设，以实现这些目标。

1.多层次绿化设计

城市规划与设计中，绿地面积的不足和植物选择的单一性常常成为限制生态环境改善的重要因素。具体到A-02-04、A-02-02和A-02-03地块，存在以下几个问题：

首先，A-02-02和A-02-03地块作为半商业、半绿地区域，现有绿地面积有限，无法满足居民和访客对休闲、娱乐和生态环境的需求。针对这一问题，该设计通过在规划中适当扩展A-02-02和A-02-03地块的绿地面积，减少硬质铺装面积，增加草坪、花坛和小型灌木区域，以提升绿地覆盖率，并设计屋顶花园和垂直绿化，充分利用空间资源。

其次，当前绿化设计中植物种类选择缺乏多样性，且部分植物对当地环境的适应性差，导致维护成本高，植物成活率低。为此，设计通过选择本地适应性强的植物种类进行种植，如油松、侧柏、鸢尾等，同时引入本地野花和地被植物，丰富绿化种类，增强生态稳定性。

最后，现有绿化体系层次感不强，缺乏多样化的植物层次结构，影响整体景观效果和生态效益。为解决此问题，设计通过构建多层次的绿化体系，种植不同层次的植物以形成立体绿化效果，包括上层树冠层的高大乔木如悬铃木和栾树，中层灌木层的杜鹃和红枫，下层地被层的麦冬和矮牵牛，以及在建筑物外墙和围栏上进行垂直绿化的攀援植物如常春藤和凌霄。通过以上措施，可以有效提升区域的生态环境质量，提供更丰富的休闲空间，增强居民和访客的生活体验（图7-44）。

图7-44 绿地走向示意、A-02-02、A-02-03、A-02-04（图片来源：研究团队绘制）

2.生物多样性保护

修复被污染的现有水体是一项复杂而重要的任务，该场地原本属于工业污染场地，对水体与土地的污染程度相对较大。修复被污染的水体涉及多个层面的具体措施。

首先，设计需要通过全面识别并控制污染源，包括建设高效污水处理设施，对城市生活污水和工业废水进行严格处理，确保排放水质达标；推广绿色农业和生态养殖，减少化肥和农药的使用，采用有机肥料和生物防治技术，降低农业面源污染，同时通过环保宣传提高公众环保意识，减少人为污染。

其次，通过采用淤泥清除和底质改良等物理修复手段，清除水底沉积的污染物，改善底质的物理化学性质，通过添加活性炭、沸石等材料，吸附和固定底泥中的有害物质，恢复水体的自净能力。此外，通过生物修复技术，引入特定的水生植物和微生物，如水葱、芦苇、荷花等耐污染植物和能够降解有机污染物的微生物菌群，通过生物降解作用净化水体，利用植物和微生物的协同作用，建立生物浮岛，构建水体生态修复系统。

通过以上系统的修复措施，不仅能够显著改善水体的生态功能，还能提升水体的景观价值，为市民提供美丽舒适的休闲空间，有效改善城市的生态环境，构建和谐美丽的城市生态系统（图7-45）。

图7-45 水体修复措施示意图（图片来源：研究团队绘制）

（二）人类系统

1. 景观休憩场所的营造

休憩场所的设计存在一些问题，其中景观座椅的不足尤为突出。首先，座椅的舒适度不足。目前的设计过于简单，缺乏舒适感和人性化，使居民在使用过程中体验不佳。其次，互动性不足，休息区内缺乏互动设施，限制了居民的活动范围和互动机会。此外，绿化覆盖不足，现有的绿化景观面积较小，未能有效提高环境质量，导致休息区的整体环境不够宜人。

为了解决这些问题，本设计提出以下策略。首先，改善座椅设计，采用符合人体工程学的设计，增加靠背和扶手，以提升舒适度，从而提高居民的使用体验。其次，增加互动设施，在休息区增设健身器材、儿童游乐设施或艺术装置，丰富居民的活动选择，促进社区成员之间的互动与交流。最后，扩大绿化面积，增加休息区的绿化覆盖率，种植多样化的植物，不仅可以美化环境，还能提高空气质量，创造更宜人的休息环境。

通过这些改进措施，休憩场所将不仅提供更舒适的休息场所，还能成为居民互动和享受自然的理想空间。改善后的设计将更符合现代城市生活的需求，提升居民的生活质量（图7-46）。

图7-46　休憩场所节点设计（图片来源：研究团队绘制）

2.居民户外体验的改善

楼下景观休息点存在几个主要问题：首先，使用率低。部分景观休息点的设计过于单一，缺乏吸引力，导致居民使用率低。其次，维护困难。绿化和设施的维护成本高，容易出现破损或荒废现象，增加了管理的难度。最后，存在一定的安全隐患。由于缺乏足够的照明和监控，居民在夜间使用时存在安全风险。

本设计通过以下解决方案来改善相关问题：首先，多样化设计景观休息点。引入更多样化的景观元素和功能区，如水景、花坛、小型展览区等，以吸引不同年龄层的居民前来休憩和活动。此外，还可以增加健身器材和儿童游乐设施，提升休息点的功能性和趣味性。其次，制定详细的维护计划，确保绿化和设施的定期检查和修缮。可以安排专人负责维护，定期清理垃圾、修剪植物，并及时修补破损设施，确保休息点的整洁和功能完好。最后，为了提高安全性，可以增加照明设施和监控摄像头，尤其是在夜间使用频繁的区域。通过安装高效的LED照明灯和全天候监控设备，提升夜间的可见度和安全性，让居民在任何时间都能安心使用景观休息点。

通过以上策略的实施，楼下景观休息点不仅能够吸引更多居民使用，还能保持整洁和安全，为社区居民提供一个舒适、宜人的休闲空间（图7-47、图7-48）。

图7-47　户外休憩点（图片来源：研究团队绘制）

图7-48　亲水广场景观（图片来源：研究团队绘制）

（三）社会系统

1.打造多元社区

在该场地内存在以下几点问题：公共空间因缺乏有效的活动组织和管理，导致其利用率低，居民难以找到合适的场所举办或参与活动，社区互动不足，整体活力下降。为解决这些问题，本设计通过在公共空间内设置临时展台、活动舞台和多功能室内空间，支持各类社区活动如市集、文化演出、讲座和社区会议。这些设施的灵活配置不仅能满足不同活动的需求，还能吸引更多居民参与。通过这些措施，公共空间的利用率将显著提升，居民的文化生活将更加丰富，社区的凝聚力和互动性也将大大增强（图7-49）。

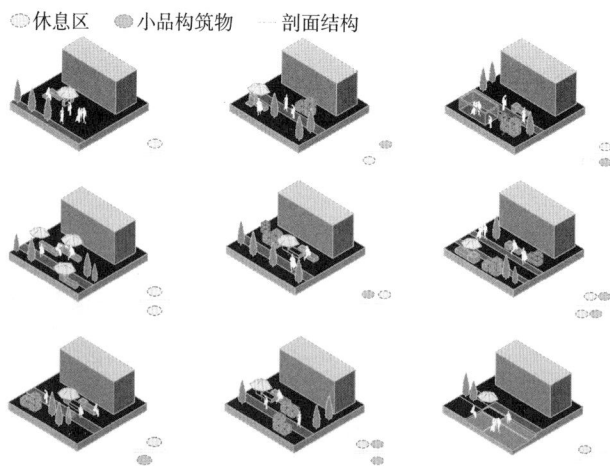

图7-49　公共空间示意图（图片来源：研究团队绘制）

2.打造共享空间

许多社区的公共空间设计单一，缺乏多样化的活动区域，难以满足不同年龄层和兴趣群体的需求，这不仅限制了居民在公共空间内的活动类型，还减少了社区成员之间的互动和交流机会。为了解决这一问题，可以在公共空间内进行多功能区域设计，例如设置篮球场、足球场和健身器材，以吸引青少年和成年人参与体育活动，促进身体健康和社会互动；儿童游乐区可以通过安全且富有创意的游乐设备，如攀爬架、滑梯和沙坑，吸引家庭和小孩前来玩耍，增加社区的亲子互动；此外，还可以设置安静的阅读区和开放的草坪区域，供居民休闲和社交使用。这样的设计不仅能够满足不同群体的需求，还能促进他们之间的交流和理解，最终实现社区的和谐与安全（图7-50）。

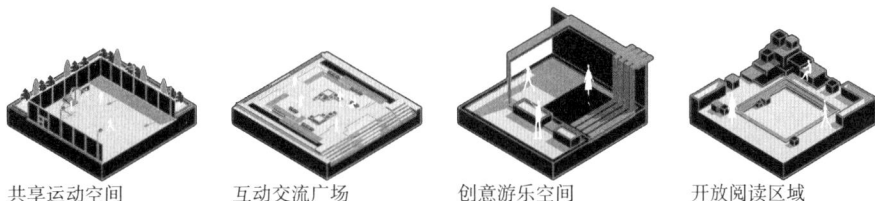

共享运动空间　　　　互动交流广场　　　　创意游乐空间　　　　开放阅读区域

图7-50　共享空间节点设置（图片来源：研究团队绘制）

（四）居住系统

1.提升居住绿色舒适度

在现代商业系统设计的场地中，如何通过绿色建筑技术降低能耗、提升居住舒适度已成为关键问题。本设计通过绿色建筑技术来减少能源消耗和提高资源利用效率。例如，采用高效的隔热材料和双层玻璃窗，可以显著降低建筑的热损失和冷却需求，从而减少空调和供暖系统的能耗。此外，利用太阳能光伏板等可再生能源技术为建筑提供清洁能源，不仅降低了对传统能源的依赖，还减少了二氧化碳排放。在建筑设计中，通过合理布置窗户位置和建筑物朝向，最大化利用自然光和自然通风，可以确保室内有足够的自然光照和空气流通，从而减少人工照明的需求，提升居住者的舒适度和健康水平（图7-51）。

2.打造健康舒适的居住环境

在商业建筑设计中，室内环境的质量对人们的健康和舒适度至关重要。该设

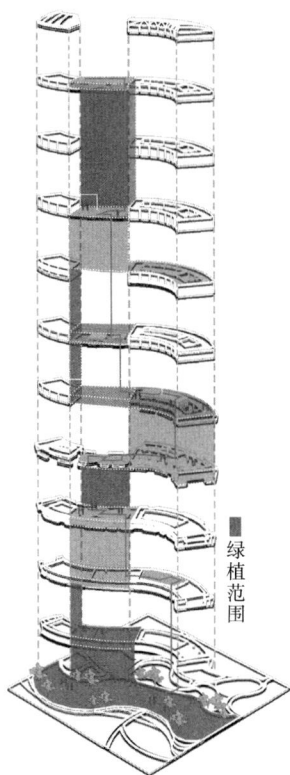

图7-51 绿色建筑技术（图片来源：研究团队绘制）

计通过关注通风、采光和噪声控制，从而提供一个健康的居住环境。首先，良好的通风系统是确保室内空气质量的关键，通过设计有效的通风路径和安装适当的机械通风设备，可以保持室内空气的新鲜，减少有害物质的积累，尤其在高密度的城市环境中，合理的通风设计有助于排除室内污染物和湿气，防止霉菌和其他有害微生物的滋生。其次，充足的自然采光不仅可以改善室内的视觉舒适度，还能调节生物钟、提高心理健康。因此，设计时应考虑建筑物的朝向、窗户的大小和位置，以及使用反射材料等方式，以最大化自然光的利用，减少对人工照明的依赖。最后，噪声控制在居住环境设计中也不可忽视，过高的噪声水平会对居住者的心理和生理健康产生负面影响。通过使用隔音材料、双层窗户和合理的空间布局，可以有效降低外界噪声的侵入，同时，室内声音环境设计也需考虑，采用吸音材料和合理的声学设计，创造一个安静、舒适的居住空间（图7-52）。

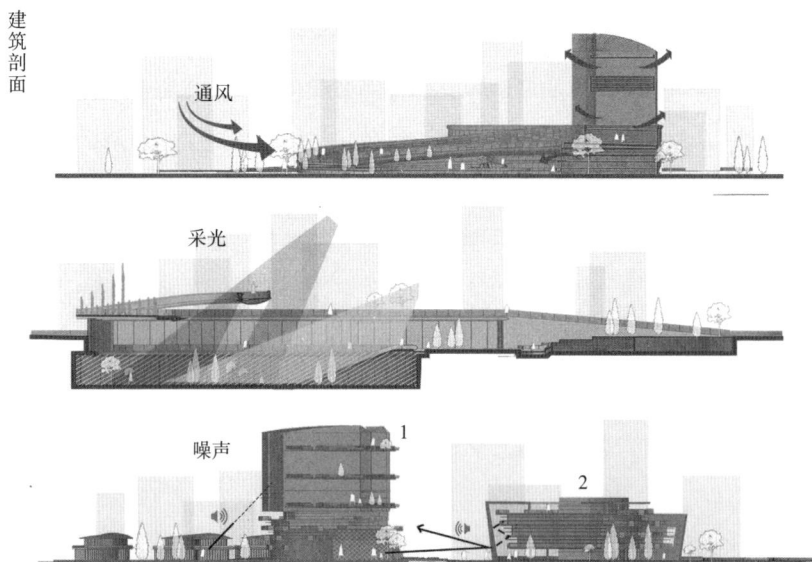

图7-52 建筑通风、采光、噪声分析图（图片来源：研究团队绘制）

（五）支撑系统

　　为实现现代城市的可持续发展，提升居民生活质量，并减少对机动车的依赖，优化内部交通组织。本设计通过以下几则措施来实现：设置步行和自行车道，鼓励居民选择绿色出行方式，并确保其安全性和便利性；减少机动车依赖，推广公共交通系统，并实施限制机动车使用的政策，如高峰时段限行和收取拥堵费；改善交通拥堵，通过优化交通流量、科学合理的交通信号控制和道路设计来分流交通流量，推广智能交通管理系统，实现实时监控和动态调控；减少环境污染，鼓励使用低排放或零排放的交通工具，增加绿化和植被覆盖；提升城市宜居性，规划和建设步行友好型社区，增强社区的便利性和安全性，并建立健全的公共服务设施；降低交通事故发生率，通过优化道路设计和标志标线、加强交通法规宣传和执法，提高交通安全水平。通过以上策略的综合实施，可以有效实现交通系统的全面优化，促进城市的可持续发展，提高居民的生活质量（图7-53）。

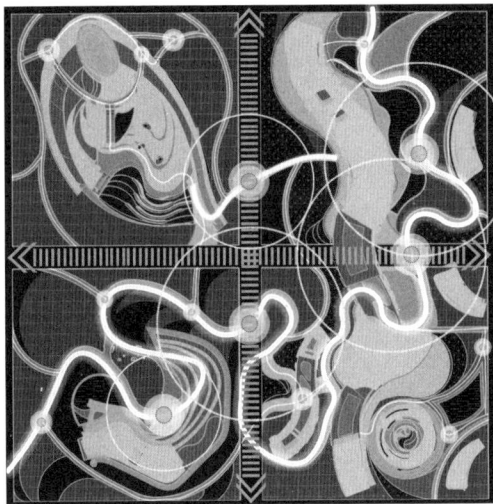

图7-53　场地交通（图片来源：研究团队绘制）

结语

在"居于原上——基于地域文化的内蒙古人居环境设计研究"这一系统性课题的深入探索与教学实践中，我们不仅深刻剖析了地域文化的多元特征与动态演变过程，还通过具体的设计案例，将理论与实践紧密结合，展示了地域文化如何成为内蒙古人居环境设计的重要驱动力和独特灵魂。

研究从地域文化的范畴与性格出发，探讨了文化的普遍性与差异性，以及这些特性如何影响人居环境的设计思路与方向。我们深入内蒙古广袤的土地，调研其自然景观、历史遗迹、民族风情与当代社会结构，力求全面把握地域文化的丰富内涵。在此基础上，我们结合人居环境设计的五大系统（自然系统、人类系统、社会系统、居住系统、支撑系统），通过呼和浩特城市绿道、吉日嘎朗图镇光前村乡村规划、内蒙古师范大学滨水景观、盛乐新区城市设计等多个教学案例，详细展示了如何将地域文化元素巧妙融入现代设计理念中，创造出既符合时代需求又充满文化韵味的人居空间。

设计实践中，应强调以人为本的设计理念，注重居民的实际需求与情感体验，力求通过设计提升居民的生活品质与文化认同感。同时，也要积极引入绿色生态、可持续发展等先进理念，努力在保护自然环境与传承地域文化之间找到最佳平衡点。这些实践不仅丰富了设计专业的教学内容，也为学生提供了宝贵的实战经验，使他们在掌握设计技能的同时，深刻理解了地域文化在人居环境设计中的重要价值。

回顾整个研究与实践过程，我们深感地域文化不仅是设计的灵感源泉，更是连接过去与未来、自然与人文的桥梁。在未来的设计教学中，我们将继续秉承这一理念，不断探索地域文化与人居环境设计的深度融合之路，培养更多具有创新精神和实践能力的设计人才，为内蒙古乃至全国的人居环境建设贡献智慧与力量。同时，我们也期待通过我们的努力，让更多人认识到地域文化的独特魅力，共同守护和传承这份宝贵的文化遗产。

参考文献

[1] Hörhold M, Münch T, Weißbach S, et al. Modern temperatures in central-north Greenland warmest in past millennium[J]. Nature, 2023(613): 503-507.

[2] 陈慧蓉. 北部湾沿岸人居环境演变与评价 [C]// 国家新闻出版广电总局中国新闻文化促进会学术期刊专业委员会. 2020 年第四届国际科技创新与教育发展学术会议论文集（卷一）. 北部湾大学资源与环境学院，2020:4.

[3] 扬·盖尔. 交往与空间 [M]. 何人可，译. 北京:中国建筑工业出版社，1992.

[4] 卡尔·马克思. 资本论 [M].3 版. 何小禾，编译. 重庆:重庆出版社，2014.

[5] 朱利安·斯图尔德. 文化变迁论 [M]. 谭卫华，罗康隆，译. 贵阳:贵州人民出版社，2013.

[6] 克里斯蒂安·诺伯格-舒尔茨. 西方建筑的意义 [M]. 李路珂，欧阳恬之，译. 北京:中国建筑工业出版社，2005.

[7] 秦大河，丁一汇，苏纪兰，等. 中国气候与环境演变评估(I):中国气候与环境变化及未来趋势 [J]. 气候变化研究进展，2005(1):4-9.

[8] 罗布桑却丹. 蒙古风俗鉴 [M]. 赵景阳，译. 沈阳:辽宁民族出版社，1988.

[9] 罗桑丹津. 蒙古黄金史 [M]. 色道尔吉，译. 呼和浩特:蒙古学出版社，1993.

[10] 邵炳军. 诗经文献研读 [M]. 桂林:广西师范大学出版社，2010.

[11] Herman D. Narratologies: new perspectives on narrative Analysis [M]. Columbus: Ohio State University Press, 1999: 23-26.

[12] Lefebvre H. The production of space[M]. Oxford UK&amp, Cambridge USA: Blackwell, 1991: 145-189.

[13] 阿土. 苗族建筑——吊角楼 [J]. 贵州民族研究，2005(5):140.

[14] 陈婷. 论地域文化的教育价值 [J]. 西北师大学报（社会科学版）,2013, 50(6)：81-85.

[15] 陈新风,赵子光. 人居环境自然适宜性评价研究 [J]. 世界生态学, 2022,11(1)：1-6.

[16] 陈莹. 博物馆设计中的场所认同感研究 [D]. 上海：华东师范大学, 2012.

[17] 成中英. 中国文化的本质与走向 [J]. 北大中国文化研究,2015(0)： 317-326.

[18] 程聪. 基于地域性符号理论的保定市井文化视觉设计应用研究 [D]. 保定：河北大学,2022.

[19] 程华. 细读贾平凹 [M]. 西安：陕西师范大学出版总社,2021.

[20] 丁尔苏. 符号与意义 [M]. 南京：南京大学出版社,2012.

[21] 丁恒杰. 文化与人 [M]. 北京：时事出版社,1994.

[22] 段磊. 基于草原住居环境下的蒙古包设计研究 [D]. 呼和浩特：内蒙古 农业大学,2023.

[23] 张凌浩. 符号学产品设计方法 [M]. 北京：中国建筑工业出版社,2011.

[24] 郭鸿. 索绪尔语言符号学与皮尔斯符号学两大理论系统的要点——兼 论对语言符号任意性的置疑和对索绪尔的挑战 [J]. 外语研究,2004 (4)：1-5,80.

[25] 赵晖. 研究《国务院关于推动内蒙古高质量发展奋力书写中国式现代 化新篇章的意见》贯彻落实工作 [N]. 乌海日报,2023-11-22.

[26] 韩佳. 蒙古包建筑装饰艺术在现代建筑设计中的应用研究 [D]. 北京： 北京林业大学,2012.

[27] 胡小聪. 城市文创园环境设计中的地域性符号应用研究 [J]. 设计, 2018(11)：13-15.

[28] 黄汇. 迎着时代前进—— 94 人居环境学术研讨会的启发 [J]. 建筑学 报,1995(4)：6-9.

[29] 黄汀,李卓群. 文化认同视域下优秀传统文化传承发展的价值、生成 与进路 [J]. 湘潭大学学报（哲学社会科学版）,2023,47(4)：177-181.

[30] 李丙发. 城市公园中地域文化的表达 [D]. 北京：北京林业大学,2010.

[31] 李伟,杨豪中. 论景观设计学与文化遗产保护 [J]. 文博,2005(4)：61-66.

［32］梁建新,龚君.论文化影响力系统结构的构成要素 [J].湘潭大学学报（哲学社会科学版）,2022,46(2):121-126.

［33］刘建国,张文忠.人居环境评价方法研究综述 [J].城市发展研究,2014,21(6):46-52.

［34］刘杰.地域文化在城市滨水景观中的表达研究 [D].重庆:西南大学,2014.

［35］刘娟.城市人居环境质量评价研究 [D].武汉:华中师范大学,2002.

［36］刘启明.传统造型元素在当代空间形态中的转译 [D].天津:天津大学,2016.

［37］刘颂,刘滨谊.城市人居环境可持续发展评价指标体系研究 [J]. 城市规划汇刊,1999(5):35-37,14-80.

［38］刘宇.论中华文化中地域文化多样性的基本特征 [J].江汉论坛,2009(9):119-124.

［39］刘玉玉,周典.基于生态承载力分析的人居环境规划研究综述 [J].华中建筑,2014,32(3):22-25.

［40］卢婉莹.地域文化对徽商和晋商治理模式影响的比较研究 [D].大连:东北财经大学,2018.

［41］伍蠡甫,胡经之.西方文艺理论名著选编上卷 [M].北京:北京大学出版社,1985:476-479.

［42］吕晓峰.环境心理学的理论审视 [D].长春:吉林大学,2013.

［43］马婧婧.中国乡村长寿现象与人居环境研究以湖北钟祥为例 [D].武汉:华中师范大学,2012.

［44］马凌诺斯基.文化论 [M].费孝通,译.北京:华夏出版社,2002.

［45］马明.新时期内蒙古草原牧民居住空间环境建设模式研究 [D].西安:西安建筑科技大学,2013.

［46］孟庆涛.设计心理学 [M].青岛:中国海洋大学出版社,2016.

［47］路易斯·摩尔根.古代社会 [M].刘峰,译.北京:京华出版社,2000.

［48］内蒙古自治区人民政府办公厅.内蒙古自治区人民政府办公厅关于印发自治区新型城镇化规划(2021—2035 年)的通知 [EB/OL].(2021-11-22)[2024-02-04].

［49］皮尔斯.皮尔斯:论符号 [M].赵星植,译.成都:四川大学出版社,

2014:10-317.

[50] 钱逊. 文化的普遍性和特殊性——文化研究中一个基本的方法论问题 [J]. 文史哲,1989(3):33-38.

[51] 申丹,王丽亚. 西方叙事学:经典与后经典 [M]. 北京:北京大学出版社,2010:66-78.

[52] 孙新可. 基于地域文化转译的丹阳市公交站台设计研究 [D]. 镇江:江苏大学,2022.

[53] 唐卫青. 蒙古族起源、发展及其游牧文化的变迁研究 [J]. 赤峰学院学报(汉文哲学社会科学版),2009,30(9):9-12.

[54] 陶淇琪. 城市空间同质化:本质、问题及其超越 [D]. 苏州:苏州大学,2016.

[55] 王健. 城市居住区环境整体设计研究——规划·景观·建筑 [D]. 北京:北京林业大学,2008.

[56] 王俊霞,贾志敏. 内蒙古草原地区矿产资源开发与草原生态环境保护协调发展的法律研究 [J]. 内蒙古社会科学(汉文版),2012,33(6):133-137.

[57] 王美淇. 中国当代同质化的公共建筑形象更新改造设计研究 [D]. 沈阳:鲁迅美术学院,2022.

[58] 王敏,石乔莎. 基于传统地域乡村聚落景观的城市绿地系统规划——以贵州松桃苗族自治县为例 [J]. 风景园林,2013(4):91-97.

[59] 王绍森. 当代闽南建筑的地域性表达研究 [D]. 广州:华南理工大学,2010.

[60] 王思远,张增祥,周全斌,等. 中国土地利用格局及其影响因子分析 [J]. 生态学报,2003(4):649-656.

[61] 王云才. 乡村景观旅游规划设计的理论与实践 [M]. 北京:科学出版社,2004.

[62] 魏明德. 对话、文化与普遍性 [J]. 文化艺术研究,2011,4(1):28-33.

[63] 乌兰.《蒙古源流》研究 [M]. 沈阳:辽宁民族出版社,2000.

[64] 吴良镛. 开拓面向新世纪的人居环境学——《人聚环境与21世纪华夏建筑学术讨论会》上的总结发言 [J]. 建筑学报,1995(3):9-15.

[65] 吴良镛. 人居环境科学导论 [M]. 北京:中国建筑工业出版社,2001.

[66] 吴义能. 区域文化对区域经济发展影响研究 [D]. 武汉:华中师范大学,
2006.

[67] 向欣然. 现代建筑有地域特色吗? [J]. 建筑学报,2003(1):66-67.

[68] 辛艺峰. 人居环境研究与绿色住区环境设计 [J]. 城市,2003(5):51-53.

[69] 许欢杰.《自然辩证法》中的生态思想对农村人居环境整治的现实意
义研究 [D]. 长春:吉林建筑大学,2023.

[70] 荀方兵. 基于交互理念下的北京城市公园景观设计研究 [D]. 吉林:东
北电力大学,2023.

[71] 于丽丽,唐世南,陈飞,等. 内蒙古自治区水资源开发利用情况与对策
分析 [J]. 水利规划与设计,2019(7):16-19,43.

[72] 余大钧. 蒙古秘史 [M]. 石家庄:河北人民出版社,2001.

[73] 约翰·迪利. 符号学基础 [M]. 张祖建,译. 北京:中国人民大学出版社,
2012.

[74] 张京祥,胡毅,孙东琪. 空间生产视角下的城中村物质空间与社会变
迁——南京市江东村的实证研究 [J]. 人文地理,2014,29(2):1-6.

[75] 张俊奎. 江苏油画意象性风格的地域文化成因研究 [J]. 艺术研究,
2016(1):84-86.

[76] 张文忠,谌丽,杨翌朝. 人居环境演变研究进展 [J]. 地理科学进展,
2013,32(5):710-721.

[77] 张逸. 基于韧性城市的人居环境设计策略研究 [J]. 设计,2019,32(20):
129-131.

[78] 张莹. 城市体质健康型人居环境建设研究 [D]. 上海:东华大学,2011.

[79] 甄江红,张云峰. 内蒙古牧区聚落格局演变及其影响因素分析——以
锡林郭勒盟为例 [J]. 水土保持研究,2023,30(2):403-412.

[80] 周涛. 闽南传统民居的地域性色彩符号编译 [J]. 工业设计,2020(12):
132-133.

[81] 朱汉民. 特殊性与普遍性的融合——湖湘文化精神特质的历史建构
[J]. 湖南大学学报(社会科学版),2014,28(6):47-53.

[82] 朱尖. 试论北疆文化的学理与实践定位 [J]. 内蒙古社会科学,2024,
45(1):33-39.

[83] 朱政. 苏州旧城区城市叙事空间研究 [D]. 长沙:中南大学,2009.

后记

在《居于原上——基于地域文化的内蒙古人居环境设计研究》的深入探索与总结之后，我们更加坚定了人居环境"地域性"设计的必要性。地域文化作为人类在长期历史发展过程中形成的独特文化形态，不仅承载着丰富的历史记忆和文化传统，还深刻影响着当地居民的生活方式、价值观念和行为习惯。因此，在人居环境设计中充分融入地域文化元素，不仅是尊重历史、传承文化的需要，更是提升居民认同感、归属感和幸福感的重要途径。

通过本研究的多个案例分析，我们深刻认识到地域性设计在内蒙古人居环境中的独特价值。内蒙古广袤的土地上孕育了丰富多彩的地域文化，这些文化元素在设计中得到了巧妙运用，不仅塑造了独特的地域风貌，还提升了人居环境的整体品质。无论是城市绿道的生态设计，还是乡村景观的文化传承，抑或是校园滨水景观的教育功能，都充分展示了地域性设计在人居环境中的独特魅力。

展望未来，随着城市化进程的加快和人口结构的不断变化，人居环境设计面临着更多新的挑战和机遇。在这一背景下，强调地域性设计显得尤为重要。只有深入挖掘和利用地域文化资源，才能创造出既符合现代生活需求又具有文化内涵的人居环境，为居民提供更加舒适、便捷、美好的居住体验。

因此，我们呼吁广大设计者和研究者继续关注地域文化在人居环境设计中的应用与发展，积极探索地域性设计的创新路径和实践方法。同时，我们也期待政府、企业和社会各界能够给予更多关注和支持，共同推动内蒙古乃至全国的人居环境建设迈向新的高度。让我们携手共进，为创造更加美好的人居环境而不懈努力！